CAKES

蛋糕·甜品

〔日〕坂田阿希子　著　　赵百灵　译

中国友谊出版公司

序　言

每次我回到老家，都会拿起一本老旧的糕点书品读一番。我从小就很喜欢这本书，每次翻开它，心情也随之雀跃起来，边看边想：这道巴伐露是什么口感？好想烤这个饼干啊！……后来就照着食谱开始动手制作，有几款糕点的制作频率特别高，以致那几页都渐渐地泛黄、破损了。每当翻开这本书，都让我回想起发生在某个季节的往事。每到放暑假，妈妈就会为我制作橙子果冻，保存在冰箱里；一个秋日，我第一次和妈妈、姐姐一起亲手制作了泡芙。冬天的时候，我们还曾经做过圣诞蛋糕，从海绵蛋糕坯开始做起，不过那次的尝试非常失败，蛋糕硬邦邦、干巴巴的，一点都不蓬松。

我记得那时的鲜奶油很不好买，妈妈拜托了牛奶店的老板为我们特别准备。牛奶店老板每天早上都会把牛奶箱放到玄关旁。在某个冬日的清晨，新鲜的奶油会和瓶装牛奶一起放在箱子里，每当打开牛奶箱看到它时，我都抑制不住地迸发出欢喜，这种心情至今难忘。

那本书对我来讲，就如同一本纪念册一样，值得永久珍藏。

现在我已经知道了，那时制作的海绵蛋糕干巴巴的、一点也不蓬松的原因，特别想穿越回去，教一教当初的自己。

告诉“她”：多做几次之后，蛋糕的制作原理就会自然而然地无师自通，即便最开始怎么也做不好，多做几次就一定会越来越好。

因为食谱里就隐藏着好吃的秘密，这需要我们去探索和发现。

正因为如此，制作蛋糕的过程虽繁琐却又趣味无穷——我始终这样认为。

这本书始于持续了 2 年的杂志连载。我一边回忆着某个季节的往事，一边精心甄选了一部分我经常制作的经典蛋糕和甜点，按照季节顺序编撰成书。

本书还附有视频制作教程，清晰易懂地拍摄了 24 款蛋糕的制作过程。视频中呈现的就是我平常做蛋糕的真实状态，我还为每个视频分别添加了适合的背景音乐。

每当前奏响起，有关这款点心的往事就会浮现在我的眼前，或是一个人笑出声，或是兀自忧伤。可以说，这本书已经成为我另一本值得珍藏的纪念册。

如果大家购买了这本书，在四季中的某个时节，为心爱的那个人或是某个值得纪念的时刻，亲手制作了美味的蛋糕，亦或者，这本书在将来的某一天成为大家珍藏的纪念册。对我而言，这无疑都是人生中莫大的荣幸。

坂田阿希子

BERRY COBBLER

CRÊPE SUZETTE

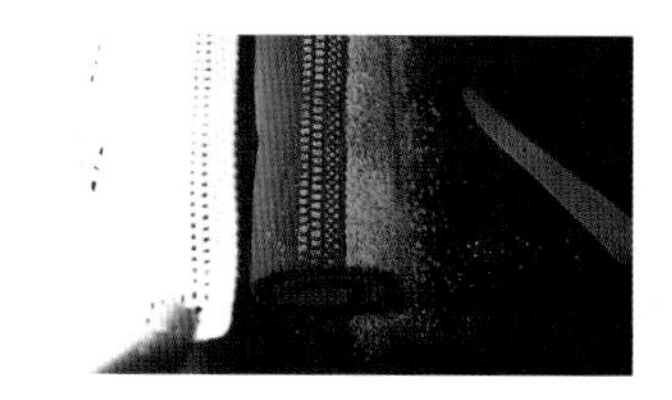

さらに塗る

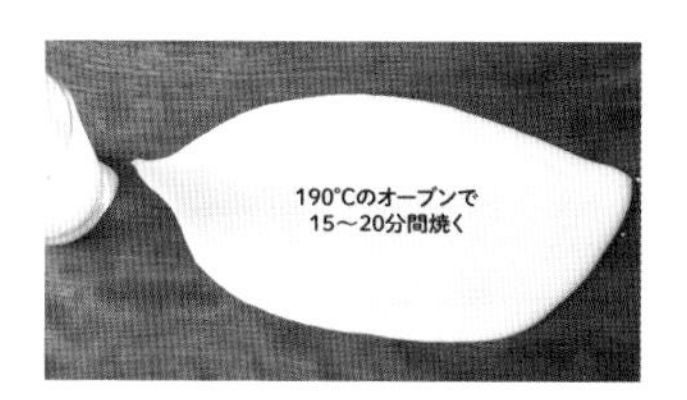
190°Cのオーブンで
15～20分間焼く

180°Cのオーブンで
15～20分間

CARAMEL
CREAM
PUFF

DOUGHNUTS

CHERRY CLAFOUTIS

HONEY &
NOUGAT GLA
HAZELNUT

BANANA
CHOCOLATE
TART

180～190°Cのオーブンで
約40分間焼く

クルクルと巻いていく

HOCOLATE DACQUOISE

WEEKEND
CITRON

目录

SPRING

烤奶酪蛋糕
8 / Recipe 20

莓味脆皮水果挞
10 / Recipe 22

酪乳松饼
12 / Recipe 24

香橙甜甜圈
15 / Recipe 26

法式香蕉舒芙蕾
16 / Recipe 28

草莓奶油蛋糕
19 / Recipe 30

SUMMER

桃子蜜饯与酸奶冰激凌
34 / Recipe 50

蜂蜜榛子牛轧糖雪糕
37 / Recipe 52

杏子蜜饯果冻
38 / Recipe 54

葡萄柚布丁
41 / Recipe 56

法式牛奶巴伐露
42 / Recipe 58

金宝顶蓝莓玛芬
44 / Recipe 60

樱桃克拉芙蒂
46 / Recipe 62

柠檬奶酪派
49 / Recipe 64

本书的使用方法

如果食谱内附带二维码标识，说明可通过扫描二维码观看通俗易懂的蛋糕制作视频教程。扫描右侧二维码即可观看本书中24款糕点的视频教程，推荐使用平板电脑或智能手机扫码观看。

AUTUMN

坚果挞
69 / Recipe 86

黄油饼干
70 / Recipe 88

焦糖泡芙
72 / Recipe 90

摩卡瑞士卷
75 / Recipe 92

法式焦糖杏仁莎布蕾饼干
77 / Recipe 94

杏肉磅蛋糕
79 / Recipe 96

甜薯挞
80 / Recipe 98

栗子味掼奶油
83 / Recipe 100

翻转苹果挞
84 / Recipe 102

WINTER

西梅熔岩巧克力蛋糕
107 / Recipe 120

法式巧克力达克瓦兹
108 / Recipe 122

香蕉巧克力挞
110 / Recipe 124

苏塞特可丽饼
113 / Recipe 126

法式柠檬假期蛋糕
114 / Recipe 128

圣诞果冻
116 / Recipe 130

圣诞水果奶油蛋糕
119 / Recipe 132

材料及工具说明
134

● 本书中使用的量杯容量为200mL，1大勺约为15mL，1小勺约为5mL。
● 不同厂商生产的微波炉、烤箱、电动打蛋器等烹饪设备在性能上略有差异，请仔细阅读说明书，掌握正确的使用方法后再进行具体操作。
● 烤箱用时仅为参考时间，不同的机型可能略有差异，请根据具体情况适当调整。
● 高温加热时如需使用保鲜膜或纸等不耐热材料，请先仔细阅读说明书上的适用温度范围，再进行后续操作。

SPRING

烤奶酪蛋糕

Recipe → P.20

莓味脆皮水果挞

Recipe → P.22

酪乳松饼

Recipe → P.24

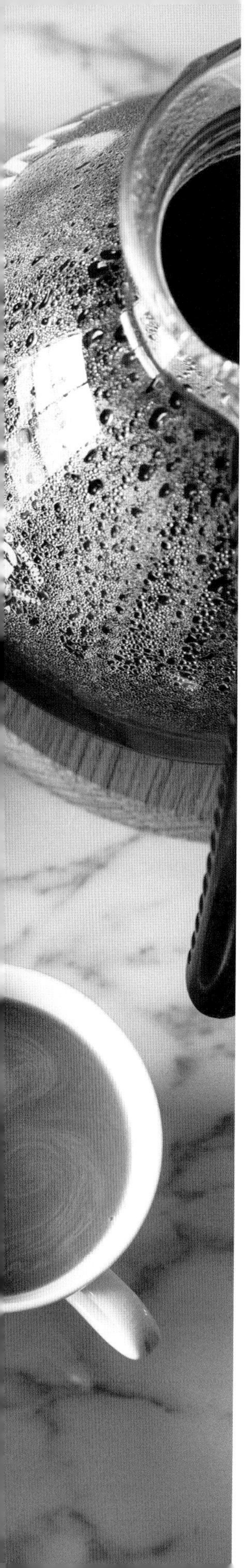

香橙甜甜圈

Recipe → P.26

法式香蕉舒芙蕾

Recipe → P.28

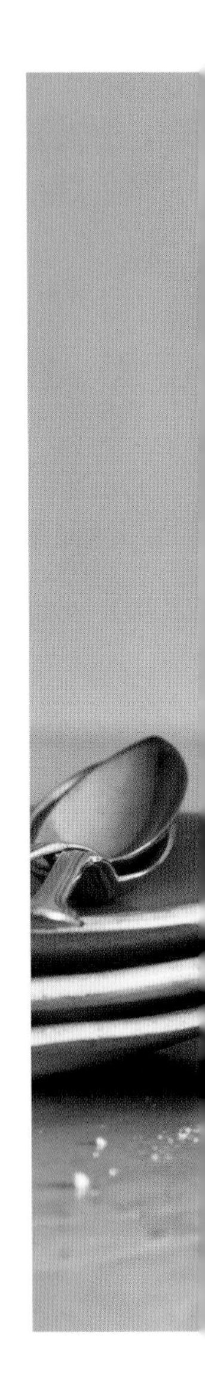

草莓奶油蛋糕

Recipe → P.30

烤奶酪蛋糕

这款蛋糕细腻绵润，香浓可口，口感独特……每次制作和品尝时都让我从舌尖暖到心头，不由想起与友人谈天说地的情景。制作灵感来自于我常去的一家咖啡店内的一款奶酪蛋糕。

材料（17cm×8cm×7cm磅蛋糕模具1个的量）
奶油奶酪　250g
酸奶油　150g
砂糖　95g
鸡蛋　1个
蛋黄　2个
鲜奶油　150mL
玉米淀粉　2大勺
香草荚　1/2根
草莓酱汁（参考以下方式制作）　适量

准备
· 奶油奶酪室温软化备用。
· 鸡蛋恢复常温备用。
· 取一张烘焙纸，裁剪成宽度等于蛋糕模底的宽度，长度为将烘焙纸紧贴模具铺好后，两端各余3cm，将其横着铺在模具内，并使其紧贴模具侧壁。再取一张烘焙纸，按照竖着铺在模具内的大小裁剪后依上述方法铺好。铺烘焙纸前，请先在模具内薄薄地刷一层黄油。
· 将玉米淀粉筛好备用。
· 烤箱160℃预热。

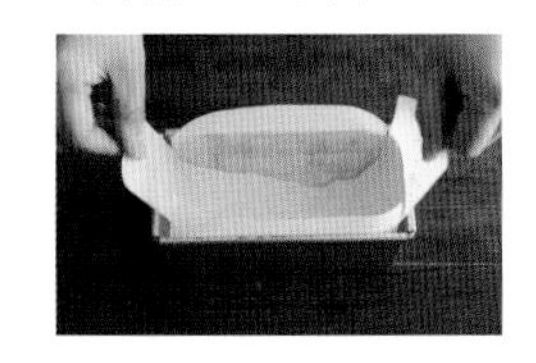

草莓酱汁

材料（便于操作的分量）
草莓　1袋（约300g）
A
- 砂糖　2大勺
- 柠檬汁　1大勺
- 樱桃利口酒　2小勺

❶草莓去蒂，按照个人喜好对半切开、竖着切成4等份或不切开均可。
❷把A中的材料和草莓一起倒入容器内搅拌一下，静置约15分钟，倒入干净的容器内，放入冰箱冷藏。需在2天内食用完毕。

1

把奶油奶酪倒入碗内，用硅胶刮刀充分搅拌，倒入酸奶油继续搅拌使其混合在一起。再倒入砂糖，搅拌至顺滑为止。

5
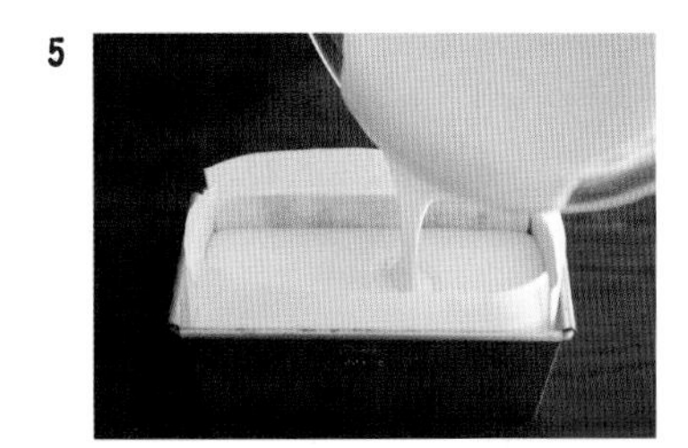
将步骤**4**的材料倒入铺好烘焙纸的模具内。

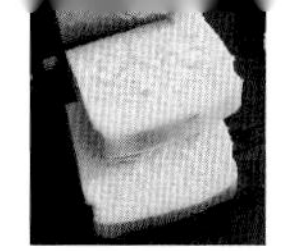

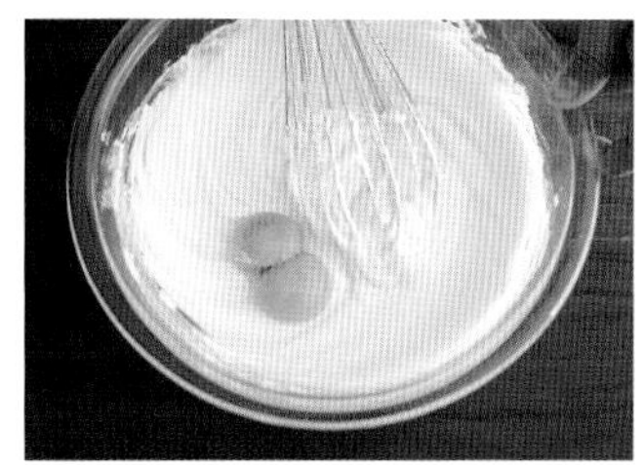

加入鸡蛋，用手动打蛋器搅拌均匀，再放入蛋黄接着搅拌至顺滑。

3

将香草荚竖着切开，把香草籽挤出来，放入步骤**2**的材料内。

4

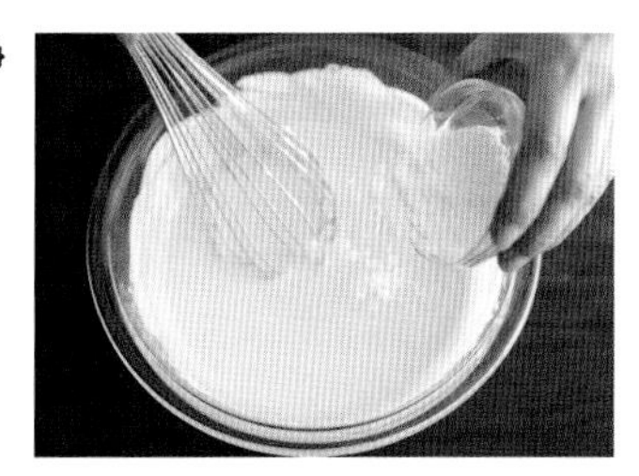

一边倒入鲜奶油一边搅拌，再放入玉米淀粉搅拌至无粉末残留。

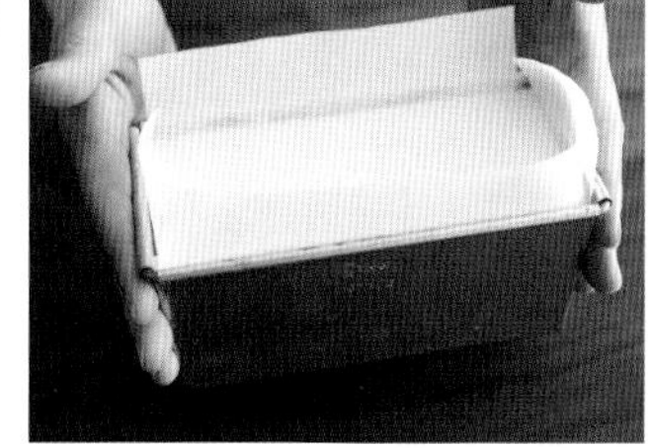

拿起模具在桌子上磕几下，使面糊均匀地填满模具，表面产生少量气泡的程度即可。

7

把步骤**6**的模具放到一个平底方盘内，再一起放到烤盘上。在平底方盘内注入约为蛋糕模具1/4高度的热水。

8

将其放入烤箱内以160℃蒸烤50~60分钟。静置待其冷却后，盖上铝箔放入冰箱冷藏一晚。将蛋糕从模具内取出，切成合适的大小。根据个人喜好可以适当淋上一些草莓酱汁后享用。

advice

按照食谱的顺序依次添加材料，每次添加后都充分搅拌至顺滑，是这款蛋糕制作成功的关键。特别添加了富含乳脂成分的酸奶油，使蛋糕的口感更加浓郁，还适当增加了酸味。另外，用玉米淀粉代替面粉，使奶酪蛋糕更加细腻柔软，口感独特。

莓味脆皮水果挞

脆皮水果挞（Cobbler）是美国家庭经常制作的一种特色甜品，因使用水果的不同口味也各有特色。这款莓味脆皮水果挞中加入了数种莓类水果，酸甜的果汁彼此融合，再慢慢地渗入酥软的饼皮内，形成一种独特的口感。

材料（24cm×16.5cm×4cm椭圆形耐热容器1个的量）

A
- 高筋面粉　200g
- 砂糖　30g
- 发酵粉　1½小勺
- 盐　1/2小勺

无盐黄油　80g
鲜奶油　100mL
牛奶　60mL
莓类水果［木莓、黑莓、蓝莓、草莓（去蒂）等］　共250g~300g
砂糖　60g
玉米淀粉　2大勺
干面粉（高筋面粉）　适量
粗糖（或砂糖）　少许

准备
- 将黄油切成1cm见方的块，放入冰箱的冷藏室或者冷冻室内冻实备用。
- 在耐热容器内壁上薄薄地刷上一层黄油（分量外）。
- 烤箱180℃~190℃预热。

advice

搅拌黄油和面粉等材料时务必要动作迅速。面糊中添加了鲜奶油，使口感更加浓郁，牛奶使饼皮更加轻盈酥软。另外，面糊不要搅拌过度，擀面皮时须动作迅速，力道均匀，做出来的饼皮就会轻盈可口。

1

把莓类水果放入碗内，倒入砂糖和玉米淀粉使其均匀地沾满果实。

5

无粉末残留后，用手揉成一个面团。

9

将步骤1的莓类水果倒在面皮内，折回露在耐热容器外的面皮，捏出一些褶皱盖在水果上。

2

另取一个碗，倒入A中的材料，用手动打蛋器搅拌均匀。放入冷冻后的黄油，用烘焙刮板（或叉子）切碎，和其他材料搅拌在一起。

3

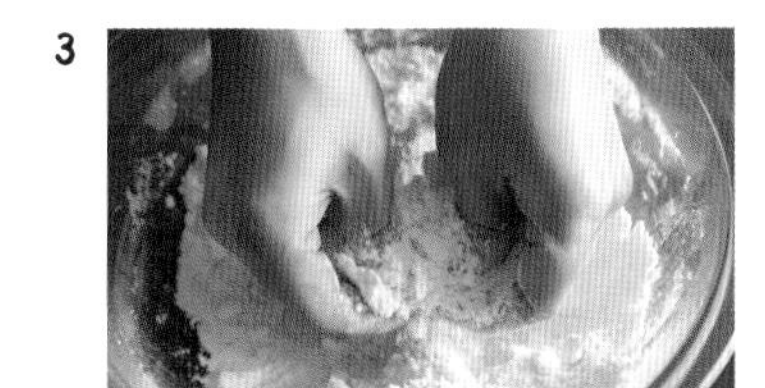

切碎黄油后，用指尖捻并用手掌搓，直到将其搓散并和其他材料混合均匀（也可将材料A和黄油放到食物搅拌机内搅拌）。

4

倒入鲜奶油，用硅胶刮刀以切拌的手法搅拌，搅拌到一定程度后倒入牛奶，再用硅胶刮刀碾压搅拌直至彻底混合在一起。

6

将步骤**5**的面团放到撒过干面粉的面案上，在面团上也撒一些干面粉，用擀面杖将其擀成厚约3mm的长方形面皮。

7

从面皮的一边开始将其卷到擀面杖上，放在耐热容器上轻轻地展开，四周留一圈宽边。

8

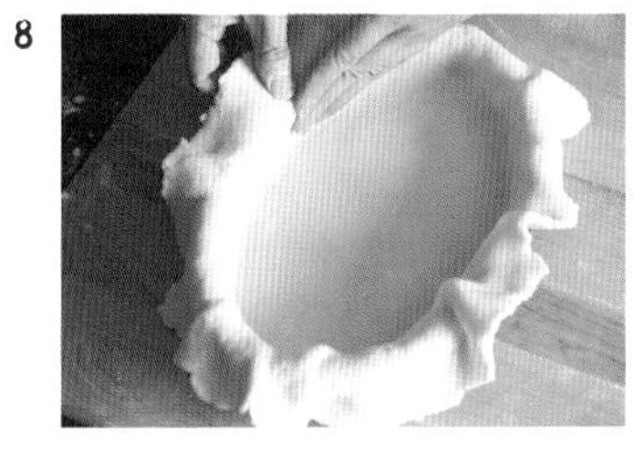

按压面皮，使其紧贴在容器的底部和侧面。

10

在面皮上面撒一些粗糖，放入烤箱内以180℃~190℃烤40~45分钟。烤好后可以立刻用勺子挖出一些，根据个人喜好，搭配香草冰淇淋（分量外）或打发的鲜奶油（分量外）食用。

酪乳松饼

我们在纽约吃的那种蓬松可口的松饼中，大多都在面糊中添加了酪乳。酪乳是从鲜奶油中提取黄油后剩下的液体。牛奶与柠檬汁混合后的口感与酪乳类似，可用来代替酪乳。

材料（12~13块的量）
牛奶　200mL
柠檬汁　1大勺
鸡蛋　1个
盐　1小撮
砂糖　1小勺半
A 低筋面粉　150g
A 发酵粉　1小勺
A 小苏打　1小勺
黄油溶液①　20g
黄油　适量
枫糖浆　适量

①将20g无盐黄油放到耐热容器内，再取一个稍微大些的容器装入热水，把耐热容器放进去使黄油熔化。

1

把柠檬汁倒入牛奶内搅拌均匀，盖上保鲜膜放入冰箱内冷藏至底部开始凝固，用时约20分钟。

5

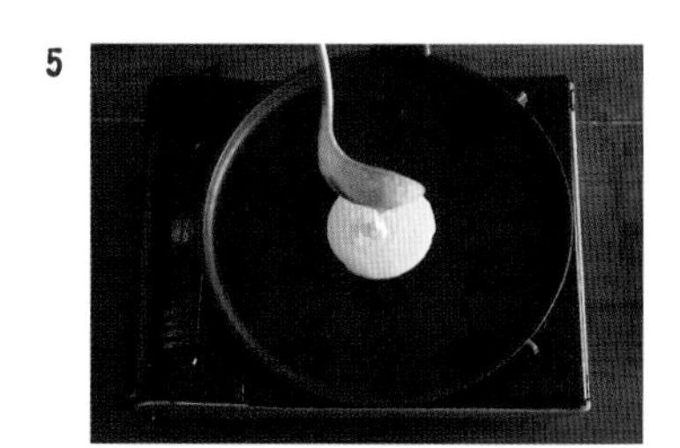

加热平底锅，放到湿布上冷却一下，再用厨房纸巾在锅底薄薄地涂一些黄油，开中火倒入适量步骤**4**的面糊，摊成直径约10cm的圆形面饼。

advice

将由牛奶、柠檬汁以及小苏打、发酵粉混合而成的面糊放入冰箱内醒一段时间，可使面糊内产生气体。在煎烤翻面的过程中，含有气体的面糊会膨胀起来，这样成品口感会更好。另外，建议面饼不要煎得过大，小一点为佳。

2

将鸡蛋放入碗内，用手动打蛋器打散，倒入盐、砂糖搅拌均匀。再加入步骤**1**的材料继续搅拌。

3

大致搅拌在一起后，将材料A筛入碗内，用手动打蛋器搅拌至无粉末残留为止。

4

加入黄油溶液继续搅拌，盖上保鲜膜放入冰箱内醒约30分钟。

6

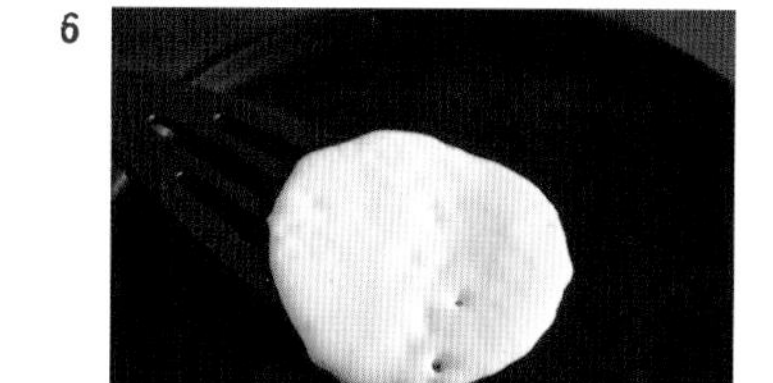

待其表面“噗~噗~”起泡后翻面。

7

煎30~60秒，直到表面呈焦糖色为止。剩下的面糊用同样的方法煎烤。

8

每个松饼烤好后都迅速地用干布包起来保温。将烤好的松饼摞起来放到容器上，搭配黄油，淋上枫糖浆即可食用。

香橙甜甜圈

为了做出我最爱吃的轻盈松软的甜甜圈，我不断尝试，经历了多次失败后终于做出这款美味的香橙甜甜圈。糖衣中添加了香橙果汁，入口即化，清香爽口，很适合搭配味道较为浓郁的油炸甜甜圈。

材料（约12个的量）

A
- 快速发酵粉　10g
- 温水　4大勺
- 砂糖　少许

高筋面粉　600g
砂糖　60g
盐　2小勺
蛋黄　4个
牛奶（冷却后）　350mL
起酥油（冷却后）　120g
香橙糖衣
- 糖粉　400g
- 鲜榨橙汁　6~8大勺
- 橙皮（切细丝）　2个

干面粉（高筋面粉）　适量
油炸用油　适量

准备

・取一个小碗，放入A中的材料，常温下静置10分钟左右预发酵。

advice

因面糊内添加了蛋黄和油脂成分，很容易粘在面案上，所以最开始可能很难揉成一团，不过不要着急，尽管不停地摔打揉搓。慢慢地，黏面团自然而然就会变得不粘手、不粘面案，逐渐成为一个光滑的面团了。

1

将高筋面粉、砂糖、盐倒入大碗内，用手动打蛋器搅拌均匀。另取一个碗，将蛋黄打散，倒入牛奶后搅拌均匀。

4

面团摔打至稍微柔滑一些后，将其摊平，放上起酥油，把起酥油一点一点地碾碎压进面团里（拿起面团的一侧将起酥油包起来，再继续折叠按压面团将起酥油彻底揉进面团内）。

7

在面案上撒上干面粉，放上面团再撒一些干面粉，用擀面杖将其擀成厚约2cm的面饼。再用直径分别为8cm和5cm的两个圆形模具，压出环形的甜甜圈面饼。

※周围多余的面饼可以切成数个适宜入口的小面块。

2

在步骤1的面粉中间挖一个坑，放入预发酵后的A中的材料，再一点一点地倒入步骤1的蛋黄牛奶糊，用硅胶刮刀搅拌均匀。成为一个面团后拿起来放到面案上。

3

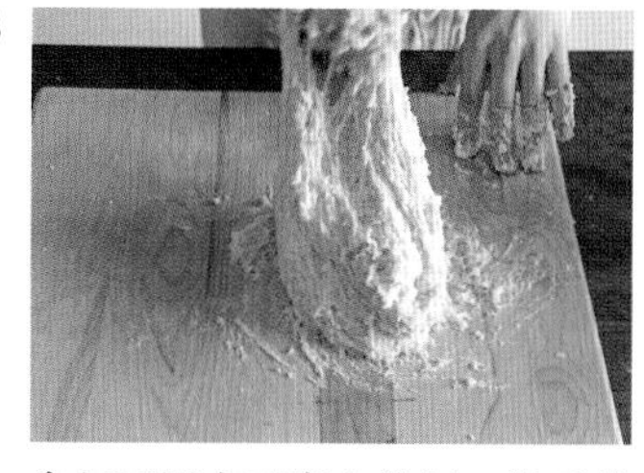

→

拿起面团在面案上摔打，然后从靠近自己的一侧将甩出去的面团拿起来，叠成一团接着摔打。不时用烘焙刮板将粘在面案上的面糊刮起揉进面团，需摔打5~6分钟。

5

不要管少部分粘在面案上的面糊，将面团再次揉成一团后，拿起来在面案上摔打，从靠近自己的一侧将甩出去的面团拿起来，叠成一团继续摔打。不时用烘焙刮板将粘在面案上的面糊刮起揉进面团，需摔打5~6分钟。

6

→

将面团摔打至顺滑后揉成团状，放入碗内盖上保鲜膜，置于温暖处（室温约30℃）静置1小时左右，待其发酵至2倍大小即可。戳破面团放出里面内的气体。

8

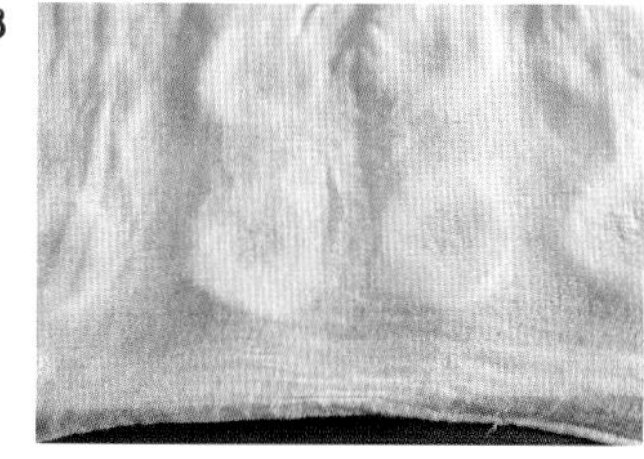

将甜甜圈面饼摆在撒了干面粉的面案上，用喷雾器喷一些水，盖上拧干的湿毛巾，醒约15分钟。

※适宜入口的小面块和甜甜圈面饼中间的圆形小面块，也都需要摆在撒了干面粉的面案上醒一下。

9

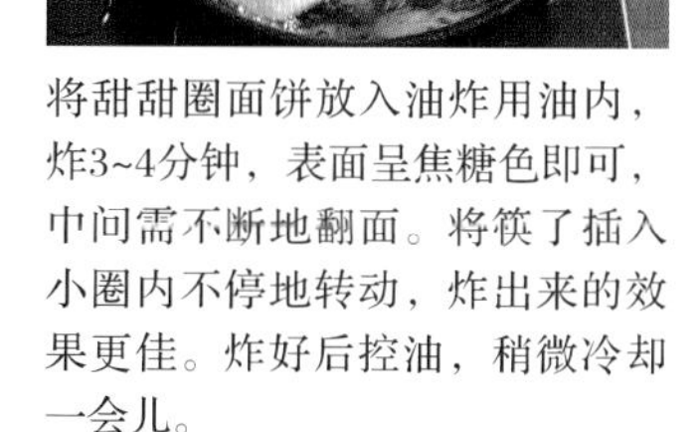

将甜甜圈面饼放入油炸用油内，炸3~4分钟，表面呈焦糖色即可，中间需不断地翻面。将筷子插入小圈内不停地转动，炸出来的效果更佳。炸好后控油，稍微冷却一会儿。

※适宜入口的小面块和甜甜圈面饼中间的圆形小面块，在炸完甜甜圈后炸制。

10

将香橙糖衣的材料倒入碗内搅拌均匀，拿起步骤9的甜甜圈满满地蘸上半圈。取一个平底方盘，铺上烘焙纸，放上晾网，将甜甜圈糖衣面朝上，放在上面晾干。

※切好的小面块和甜甜圈面饼中间的圆形小面块，除了蘸香橙糖衣外，再撒上一些砂糖和肉桂粉（均为分量外）会更好吃。

法式香蕉舒芙蕾

相信大家看着一点一点变大的舒芙蕾蛋糕，一定会发出“哇”之类的惊呼。趁着刚刚烤好、最松软的时候，赶紧挖一大勺放入口中，蛋糕蓬松可口、散发着香蕉的芬芳，简直百吃不厌！根据个人喜好，可以浇上朗姆酒或白兰地后享用。

材料（直径10cm的法式铸铁锅4个的量）
香蕉（熟透）① 2个
鸡蛋 3个
蔗糖 60g
低筋面粉 50g
柠檬汁 少许
牛奶 120mL
鲜奶油 50mL
糖粉 适量

①推荐使用表面有茶色斑点熟透的香蕉。

准备
- 鸡蛋恢复常温备用。
- 在法式铸铁锅的侧壁涂上黄油（分量外），倒入砂糖（分量外）并转动铁锅，使侧面粘上砂糖（如图），这样做出的蛋糕会更加松软，不容易塌掉。
- 烤箱180℃预热。

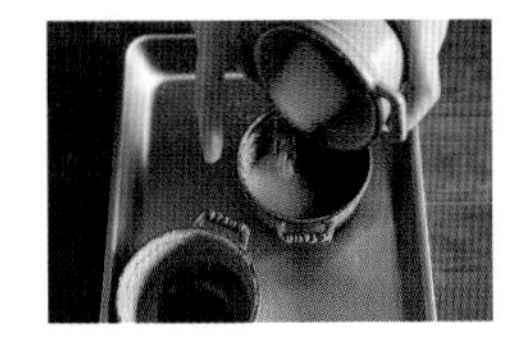

advice

法式铸铁锅的侧壁涂抹黄油和砂糖，可使蛋糕长时间保持蓬松状态，另外砂糖也增加了酥脆的口感。将面糊倒入法式铸铁锅后，请务必将粘在边缘的黏糊擦干净，否则蛋糕就不容易膨胀起来了。

1

用叉子将香蕉碾碎，倒入柠檬汁搅拌均匀。

5

将步骤**4**的材料放回碗内，加入1/3的香蕉，用手动打蛋器搅拌均匀，剩下的香蕉分2次放入并充分搅拌。

9

在法式铸铁锅内满满地倒入步骤**8**的材料，用奶油抹刀抹平表面。

2

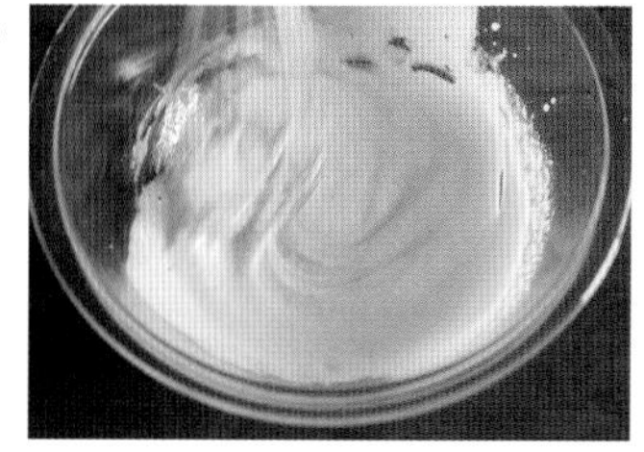

将鸡蛋的蛋黄、蛋白分离，分别放入碗内。蛋黄用手动打蛋器打散，放入20g蔗糖，搅拌至发白并产生一定的黏度为止。

3

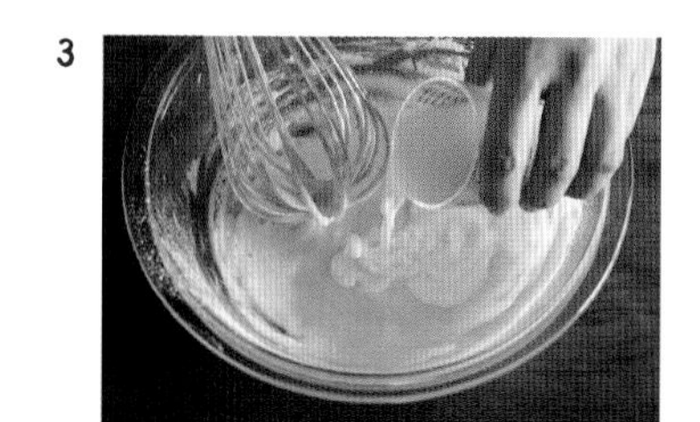

筛入低筋面粉，用手动打蛋器搅拌均匀。倒入一部分牛奶搅拌均匀后，再倒入剩下的牛奶接着搅拌。

4

取一口锅，倒入步骤**3**的材料，开中火用耐热硅胶刮刀一边搅拌一边加热，直到成为黏糊状。关火，倒入一部分鲜奶油搅拌均匀，再倒入剩下的鲜奶油接着搅拌。

6

取步骤**2**的蛋白，用电动打蛋器的高速挡稍微打发，剩下的蔗糖分3次放入，彻底打发。

7

用手动打蛋器继续打发蛋白，制作蛋白糖霜，打至均匀细腻，抬起手动打蛋器后可形成直立尖角的状态即可。

8

将步骤**7**中1/3的蛋白糖霜放入步骤**5**的材料内，用手动打蛋器搅拌均匀。再放入剩下的蛋白糖霜,一边转动大碗，一边把硅胶刮刀插到碗底，将材料翻起来上下搅拌。

10

擦净法式铸铁锅边缘的面糊。放到烤箱内以180℃烤15~20分钟，烤至表面呈焦糖色。用滤茶器撒上糖粉即可享用。

草莓奶油蛋糕

过生日或者其他纪念日时，最想吃的还是经典的奶油蛋糕。恰逢草莓上市的季节，放上大把的草莓，尽情享用美味吧！

材料（直径15cm的圆形蛋糕模1个的量）

草莓（小个的）　20~30个

面糊

- 鸡蛋（大个的）　2个
- 砂糖　60g
- 低筋面粉　60g
- 黄油溶液①　20g

奶油

- 鲜奶油　300mL
- 砂糖　3大勺
- 樱桃利口酒　2小勺

糖浆

- 水　100mL
- 砂糖　50g
- 樱桃利口酒　1大勺

①将20g无盐黄油放到耐热容器内，再取一个稍微大些的容器装入热水，把耐热容器放进去使黄油熔化。

准备

- 鸡蛋恢复常温备用。
- 将制作糖浆用的水和砂糖倒入小锅内，中火熬煮至其溶化，冷却后倒入樱桃利口酒搅拌均匀。
- 在蛋糕模具内薄薄地涂一层黄油（分量外），底面和侧边铺上或贴上烘焙纸（如图）。
- 烤箱180℃预热。
- 将一半草莓去蒂备用。另一半为装饰用，可不去蒂或竖着切两半。
- 在裱花袋上装一个直径为1.5cm的圆形裱花嘴。

advice

做蛋糕坯时，只要充分打发蛋液，迅速与粉类材料、黄油搅拌均匀，就能做出起泡均匀、细腻柔软的蛋糕。奶油打发至两种不同的状态，将硬一些的奶油涂抹在中间，软一些的用于涂抹四周和装饰用。

1

制作蛋糕坯。将鸡蛋放入碗内打散，放入砂糖搅拌均匀。将碗底浸入约70℃的温水内，用电动打蛋器的高速挡，将蛋液搅拌至发白并产生一定的黏度为止。转低速挡轻轻搅拌让蛋液更细腻。

5

将面糊倒入铺好烘焙纸的模具内，在桌子上磕2~3下除去气泡。放入180℃的烤箱内烤约30分钟。将蛋糕和烘焙纸一起取出后放到晾网上冷却。将烤焦的地方薄薄地削下一层，剩下的厚蛋糕坯横片成两半备用。

9

在另一个蛋糕坯的一面刷上糖浆，糖浆面朝下盖在草莓奶油上，在顶面上再刷一些糖浆。

2

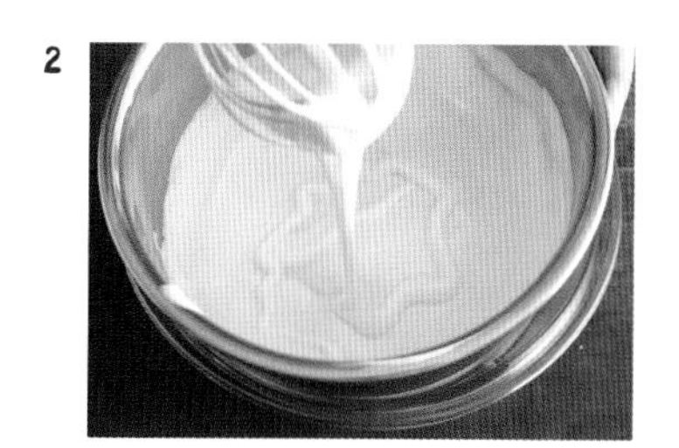

用手动打蛋器继续搅拌至挑起面糊落下后呈丝带状，痕迹慢慢消失为止。搅拌过程中，如蛋糊已经温热可将温水撤掉。

3

倒入过筛后的面粉，把硅胶刮刀插入碗底不断地翻起，上下搅拌均匀。

4

把黄油溶液经由硅胶刮刀倒入面糊内，用切拌的手法搅拌均匀。

6

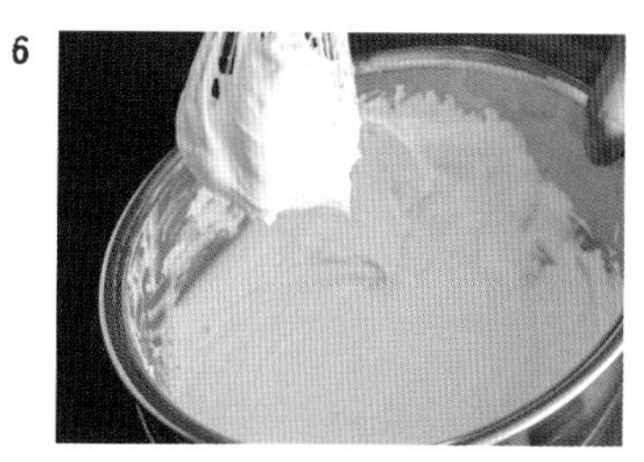

制作奶油。将奶油的制作材料倒入碗内，碗底置于冰水中，打发奶油至七分发（提起手动打蛋器，奶油前端出现一个柔软的尖角），再将碗中的一小部分奶油打发至九分发（提起手动打蛋器，奶油前端出现一个挺立的尖角）。

7

取步骤**5**的一个蛋糕坯，在表面上刷一层糖浆，抹上适量的九分发奶油，用奶油抹刀薄薄地抹开。

8

摆上去蒂的草莓，再放一些九分发的奶油，抹开将草莓盖起来。

10

→

在蛋糕坯的顶面和侧面抹上一些七分发的奶油，大部分抹在顶面。涂抹均匀后，将掉落侧面的奶油，用奶油抹刀向下涂抹均匀。

11

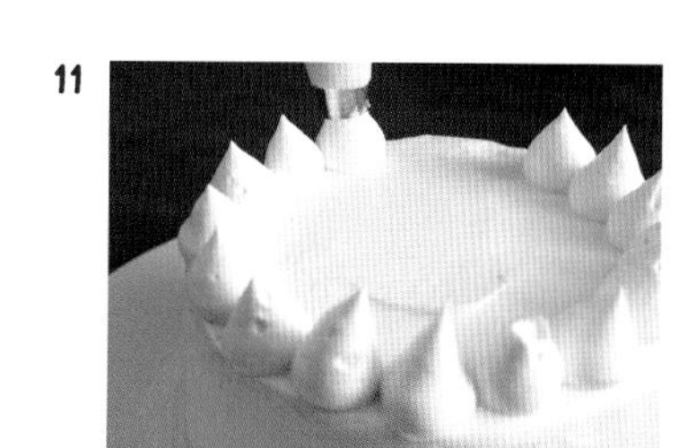

剩下的奶油装入裱花袋内，在周围挤一圈作为装饰，中间放上装饰用草莓。

SUMMER

桃子蜜饯与酸奶冰激凌

Recipe → P.50

蜂蜜榛子牛轧糖雪糕

Recipe → P.52

杏子蜜饯果冻

Recipe → P.54

葡萄柚布丁

Recipe → P.56

法式牛奶巴伐露

Recipe → P.58

金宝顶蓝莓玛芬

Recipe → P.60

樱桃克拉芙蒂

Recipe → P.62

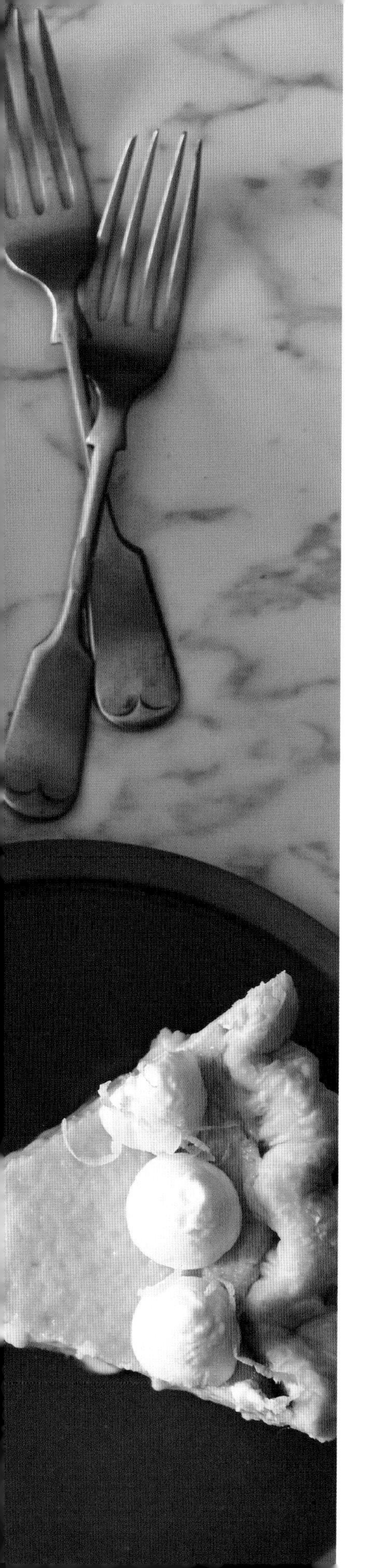

柠檬奶酪派

Recipe → P.64

桃子蜜饯与酸奶冰激凌

妈妈小时候家里是开水果店的，所以每到夏天妈妈的家里都会堆满桃子。新鲜的桃子如果吃不完，妈妈就会把它们做成蜜饯。桃子蜜饯晶莹饱满，与生吃时的口感大不相同，特别是搭配酸奶冰激凌，简直完美！

材料（便于操作的分量）

桃子蜜饯

- 桃子　5~6个
- A
  - 白葡萄酒　500mL
  - 水　500mL
  - 砂糖　300g
  - 香草荚　1根

酸奶冰激凌

- 原味酸奶（不含糖）　500g
- 鲜奶油　100mL
- 砂糖　2大勺
- 炼乳　130g

准备

- 将香草荚竖着切开备用。
- 碗上放一个筛子，再铺一层厨房纸巾（无纺布型），倒入酸奶，静置1小时左右使其脱水（如图所示）。

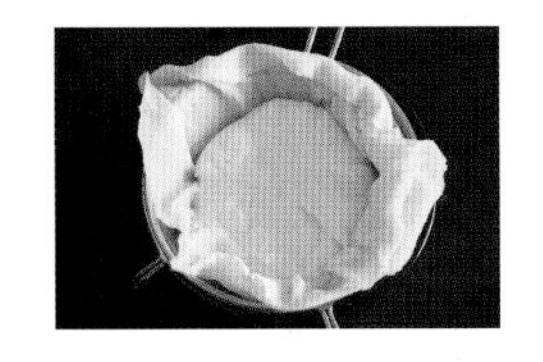

advice

一些没熟透的硬桃子，用糖浆熬煮后也能变成柔软剔透的桃子蜜饯。酸奶冰激凌的材料极其简单，只需将略微打发的鲜奶油、脱水酸奶、炼乳混合在一起即可。冷冻过程中无需搅拌，成品也非常柔滑爽口。

1

制作桃子蜜饯。将桃子洗净擦干，沿着凹陷处切开一个口。

5

稍微冷却后取出桃子皮，果肉和熬煮用的糖浆一起倒入容器内，放到冰箱内冷藏（可保存3~4日）。

9

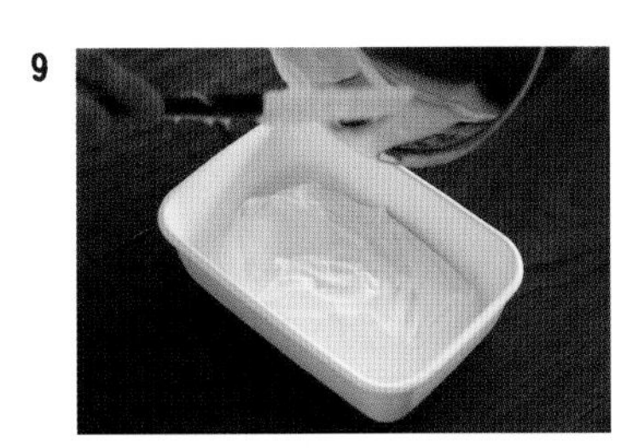

将酸奶糊放入平底方盘或其他容器内，放入冰箱冷冻室内2~3小时。将步骤**5**的蜜饯对半切开取出果核，和少量熬煮用的糖浆一起放到容器内。再用冰激凌挖勺器挖一些酸奶冰激凌装饰在上面即可享用。

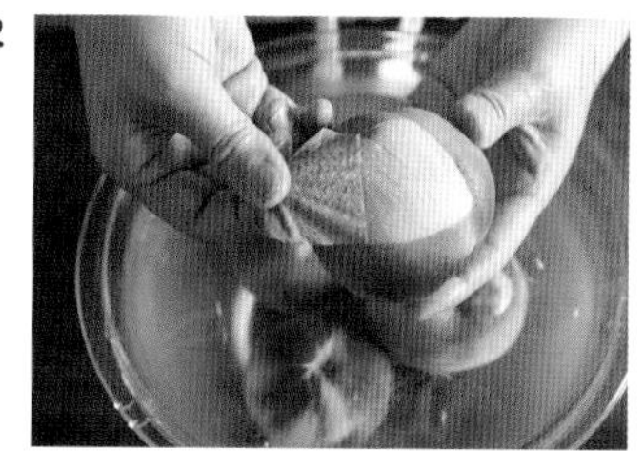

锅内倒入水烧开，放入桃子烫20秒左右，再过一遍凉水，从切口处将皮扒下来。皮留着备用。

3

把A中的材料和步骤**2**的桃子肉、桃子皮都放入锅内，开大火煮至沸腾，然后转小火边熬煮边撇去浮沫。

4

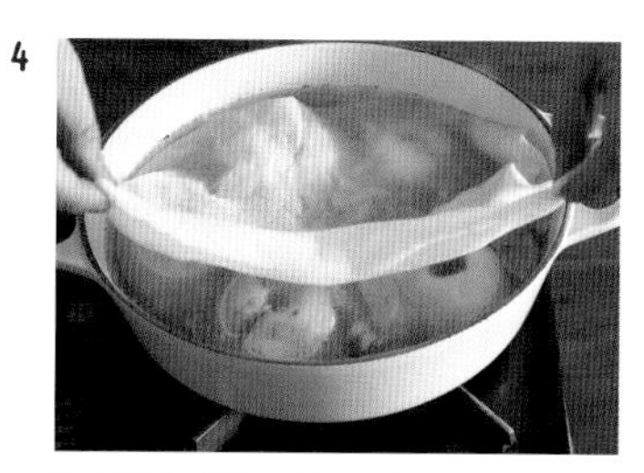

把蘸湿后拧干的厨房纸巾（无纺布型）或纱布盖在桃子上（防止水溢出），小火煮约30分钟。

制作酸奶冰激凌。把鲜奶油、砂糖放入碗内，碗底置于冰水中，用手动打蛋器打发至六分发（提起手动打蛋器，奶油缓慢流淌，掉落的痕迹迅速消失）。

7

放入脱水后的酸奶，用手动打蛋器搅拌均匀。

8

加入炼乳，用硅胶刮刀充分搅拌至顺滑。

蜂蜜榛子牛轧糖雪糕

这款甜品的制作灵感源自法国南部的一种牛轧糖小点心，它是在蛋白糖霜中添加果干或坚果后制作而成的。我在其基础上增加了冷冻的步骤，还添加了风味独特的蜂蜜和我爱吃的榛子。

材料（17cm×8cm×7cm磅蛋糕模具1个）

A［砂糖　75g
　 水　1大勺

蜂蜜　140g

榛子　50g

蛋白　3个

B［鲜奶油　200mL
　 砂糖　1大勺

马德拉酒[①]　1大勺

①一种香气浓郁，酒精含量较高的酒。

准备

· 将榛子放入烤箱内以180℃烤10~15分钟，烤至表皮变色后取出去皮。

· 取一张烘焙纸，宽度等于蛋糕模底的宽度，长度为将烘焙纸紧贴模具铺好后，两端各余3cm，裁剪后将其横着铺在模具内，并紧贴模具侧壁。再取一张烘焙纸，按照上述方法裁剪后竖着铺在模具内。

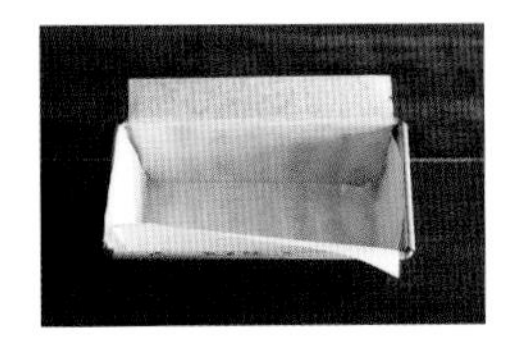

advice

这款甜品的蛋白糖霜为意式做法，加入了热糖浆，气泡含量适中，冷冻后柔滑细腻，不会冻实。蜂蜜可以为蛋糕增加独特的口感，所以推荐使用芳香浓郁的品种。除了榛子，也可以放核桃、杏仁等坚果，还可以放混合坚果。另外，推荐用勺子或冰激凌挖球器，挖出可爱的球状牛轧糖雪糕。

1

取一口锅，倒入A中的材料，用中火一边加热一边摇动锅体，直到熬成浓焦糖色为止，关火后倒入榛子搅拌在一起。再倒入铺有烘焙纸的平底方盘内，静置使其冷却凝固。

5

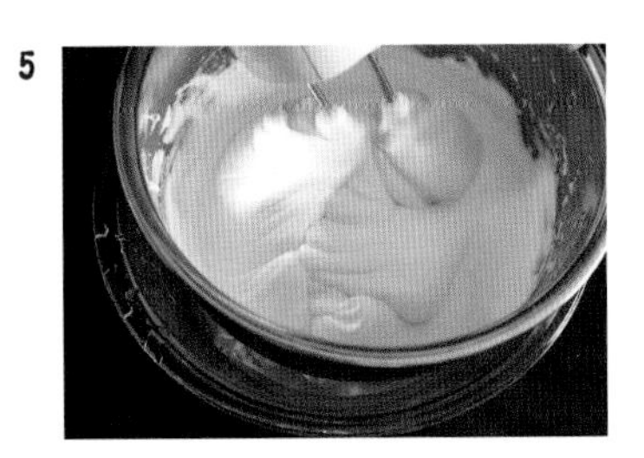

将碗底置于冰水内，用电动打蛋器的低速挡接着打发，直到彻底冷却。

9

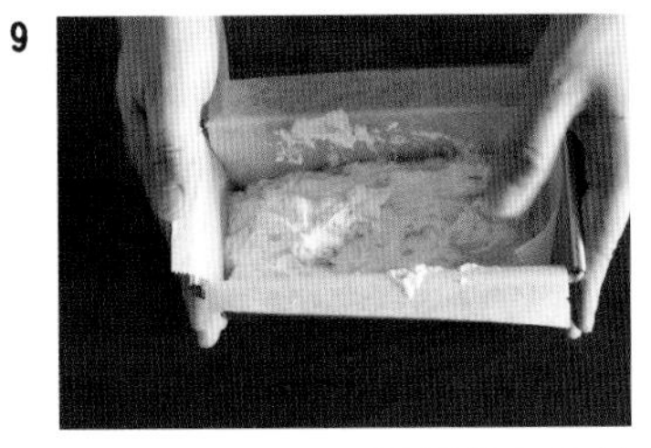

将1/3步骤**8**中的材料放入模具内，在桌子上磕几下使其填满模具，剩下的材料用同样的方式装进去。

将步骤**1**的材料装入封口塑料袋内，用擀面杖碾碎。

3

取一口小锅，倒入蜂蜜，开中火加热至120℃（用食品温度计测温，或在沸腾后再煮1分钟左右）。

4

将蛋白倒入碗内，用电动打蛋器的高速挡稍微打发，接着一边一点一点、缓慢地把步骤**3**的蜂蜜倒进去，一边继续打发，直到表面产生光泽，抬起手动打蛋器可形成一个尖角。

6

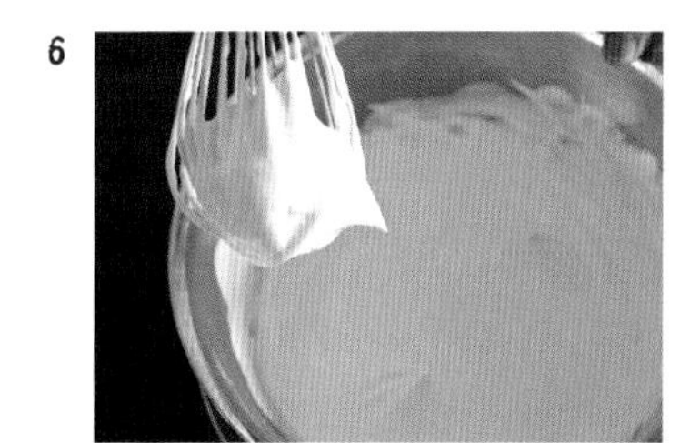

把B中的材料倒入另一个碗内，碗底置于冰水中，用手动打蛋器打发至产生黏性，加入马德拉酒接着打至八分发（提起手动打蛋器，奶油前端出现一个尖角）。

7

将步骤**5**的材料分3次放入步骤**6**的碗内，每放一次都用硅胶刮刀以切拌的手法搅拌均匀。

8

将步骤**2**的坚果放入步骤**7**的碗内，用硅胶刮刀以切拌的手法搅拌均匀。

将表面处理平整放入冰箱内冷冻凝固，然后把牛轧糖雪糕从模具中取出，切成合适入口的大小，淋上蜂蜜（分量外）即可食用。还可以按照个人喜好撒上碾碎的烤榛子（分量外）或薄荷叶（分量外）。

杏子蜜饯果冻

我特别喜欢夏天——这个各种果实纷纷上市的季节，让人欢呼雀跃。而各种水果中我又偏爱杏子，看到了一定会买回家，做成好吃的杏子蜜饯。杏子搭配香料味道更佳，所以我在蜜饯汤汁中添加了百里香和牛至，吃上一口，满是时令植物的芳香。

材料（4~5人份）

杏子蜜饯①

- 杏子　700g
- 砂糖　300g
- 水　200mL
- 香草荚　1根
- 柠檬汁　1/2个

果冻

- 水　100mL
- 百里香（新鲜）　5根
- 牛至（新鲜）3根
- 砂糖　40g
- 明胶块　3.5g
- 杏子蜜饯汤汁　220mL

①此为便于操作的分量。

准备

- 将明胶块放在水量充足的容器内，浸泡10~15分钟泡开。
- 将香草夹竖着切开备用。

1

制作杏子蜜饯。沿凹陷处将杏子对半切开，取出杏核。开口向上摆在平底方盘内，撒上150g砂糖，盖上保鲜膜放到冰箱内冷藏一晚。

5

关火后，放入滤去水分的明胶，搅拌使其溶解。再倒入杏子蜜饯的汤汁，搅拌均匀。

advice

杏子切开后，在切口处撒满砂糖，能令杏子中的水分析出，让杏味更加浓厚，做出的蜜饯也更加好吃。在果冻中加入杏子蜜饯的汤汁，让新鲜的香草芳香融入其中，可使果冻更加清爽可口，待其慢慢地冷却凝固后和蜜饯一起食用，十分美味可口。

2

将杏连同从杏肉中渗出的水、剩下的砂糖、香草荚和200mL水都放入锅内，开大火熬煮。待砂糖溶化后放入柠檬汁、杏肉，再盖上沾湿后拧干的厨房纸巾（无纺布型）或纱布防止汤汁溢出，转小火煮10分钟左右。

3

关火后稍微静置冷却。倒入容器内，放入冰箱冷藏（可保存3~4天，如保存容器经过煮沸消毒处理，可保存1个月左右）。

4

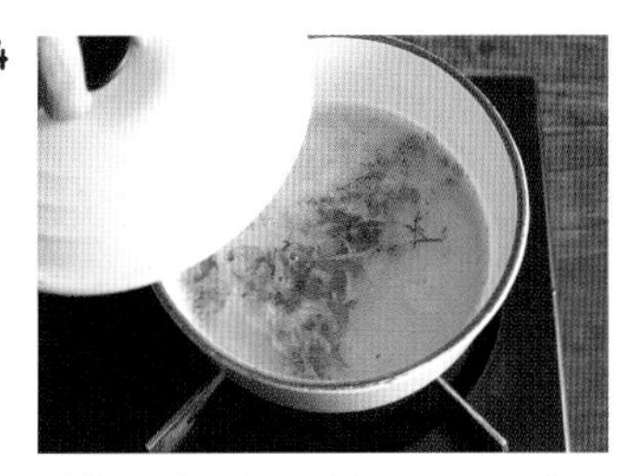

制作果冻。锅内放入100mL水，放入百里香、牛至、砂糖，中火熬煮至沸腾，转小火再焖煮5分钟左右，使芳香更加彻底地融入水中。

6

笊篱上铺一层厨房纸巾（无纺布型），将步骤**5**的材料过滤到碗内。

7

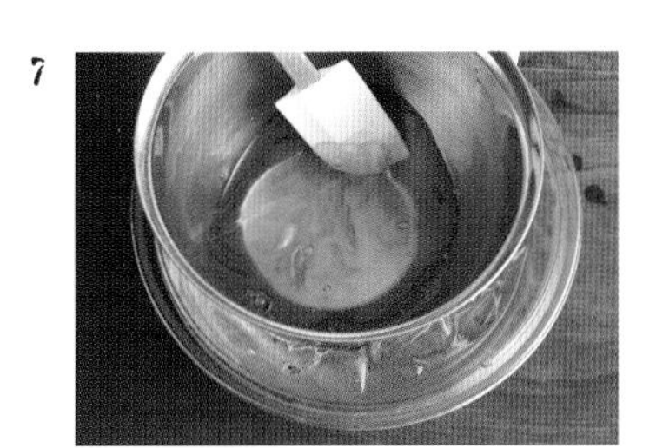

碗底置于冰水中，用硅胶刮刀不断搅拌直至产生黏性并彻底冷却。

8

倒入平底方盒中，放入冰箱内冷却凝固后，再与适量杏子蜜饯一起放入容器内。按个人喜好适当添加香草荚或牛至（新鲜、分量外）。

葡萄柚布丁

在我以前的家附近的餐厅里，我最喜欢的一道甜品就是葡萄柚布丁。为了做出类似的口感，我尝试了很多次，终于做出这款酸甜适中、略带苦味、柔滑爽口的美味甜品。

材料（直径10cm、容量250mL的耐热容器5个的量）

葡萄柚①（大个的） 1个

鸡蛋 2个

蛋黄 3个

砂糖 70g

牛奶 400mL

鲜奶油 100mL

香草荚 1/2根

焦糖浆

- 砂糖 50g
- 水 1大勺
- 鲜榨葡萄柚汁 4~5大勺

①按个人喜好，红色或白色葡萄柚均可。

准备

- 将葡萄柚两头削掉，竖着削下外皮（果肉外侧的内皮连带着也削去一些），再将果皮部分的黄色外皮和内侧连着果肉的部分海绵层削掉，留下纯白色海绵层备用。将刀插入葡萄柚瓣之间，切下10瓣用作装饰（如下图）。将剩下的内皮和果肉榨成汁用于制作焦糖浆。
- 切葡萄柚时要竖着入刀。
- 烤箱140℃预热。

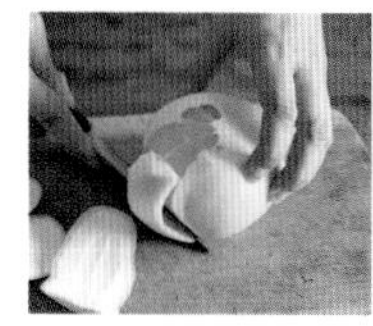
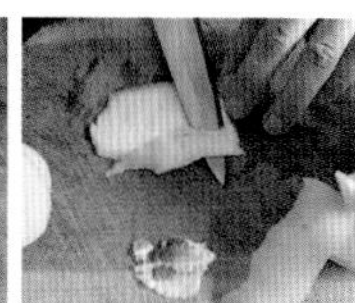

1

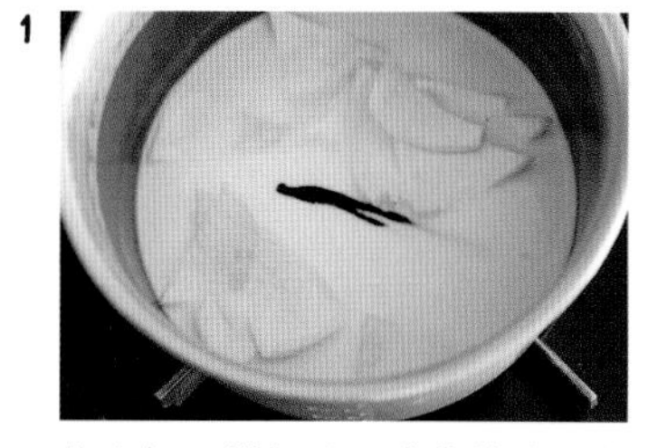

将牛奶、鲜奶油、葡萄柚的白色海绵层和香草荚一起放入锅中开中火熬煮，将要沸腾时关火，盖上盖子焖10分钟左右，使芳香更好地释放出来。

5

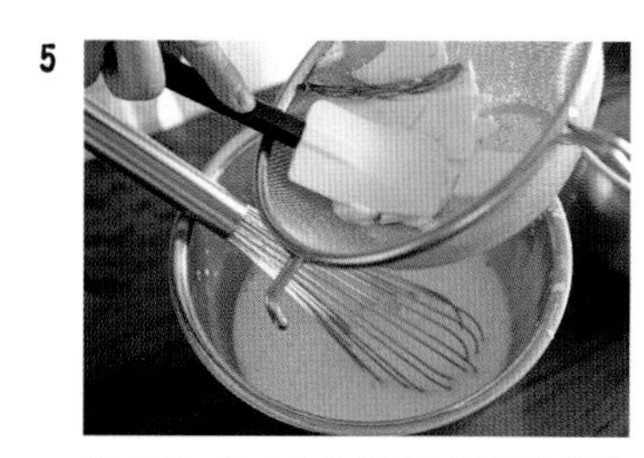

用硅胶刮刀将海绵层内的汁水挤压出来，用笊篱过滤到碗内，取出香草荚，将香草籽挤到碗内搅拌均匀。

advice

葡萄柚白色的海绵层与牛奶、鲜奶油一起熬煮，使布丁中渗透了葡萄柚微苦的清香。这一步千万不要混入葡萄柚果汁或者果肉，否则容易造成分层，要特别留意。果汁是要加在焦糖浆内的，要时刻关注焦糖浆的黏稠程度，一点一点地放入果汁使其溶解在焦糖浆之中。这时的焦糖浆看起来有点稀也没关系，冷却后自然会变黏稠。

2

制作焦糖浆。另取一口锅倒入砂糖和水，开中火一边熬煮一边晃动锅体熬至深茶色。关火后放入3大勺鲜榨葡萄柚汁，晃动锅体使其混合均匀。

3

焦糖浆可能会黏在锅底，如果发生这种状况，请再次开中火晃动锅体使其完全溶解。再缓慢放入剩下的鲜榨葡萄柚汁，以降低焦糖浆的浓度，如果果汁不够可再适当加一些水进去，最后倒入耐热容器内使其冷却。

4

碗内放入鸡蛋、蛋黄，用手动打蛋器打散，加入砂糖后搅拌均匀。将步骤**1**的材料用笊篱过滤到碗内搅拌均匀。

6

再过滤一次倒入另一个碗内，浸入厨房纸巾（无纺布型）再捞出，除去表面的气泡。

7

将布丁倒入耐热容器内，摆到平底方盘上，再将平底方盘放到烤盘上。在平底方盘内注入热水，以140℃蒸烤40分钟左右。完成后稍微晾一下，放入冰箱内冷却。

8

在步骤**7**的布丁上浇上步骤**3**的焦糖浆，再各装饰上2瓣葡萄柚即可。

法式牛奶巴伐露

巴伐露是我在法国的甜品店进修期间制作的第一款美食。基本上只要按部就班地制作就会很好吃。这款巴伐露添加了浓郁的牛奶和香草，口感更加丰富，佐以利口酒使口感更适合成年人的喜好，再加入一些清爽的时令鲜果就更完美啦。

材料（直径16cm的环形巴伐露模具1个的量）

牛奶　400mL

香草荚　1/2根

蛋黄　3个

砂糖　80g

明胶块　7g

橙子味利口酒（白色）①　2小勺

鲜奶油　150mL

蜜瓜酱汁

- 蜜瓜
- A
  - 砂糖　1大勺
  - 柠檬汁　少许
  - 白兰地　少许

①指用橙皮制作的无色透明的利口酒。

准备

· 将明胶块放在水量充足的容器内，浸泡10~15分钟泡开。

· 将香草荚竖着切开备用。

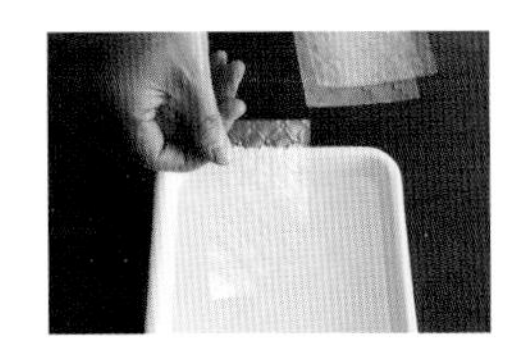

1

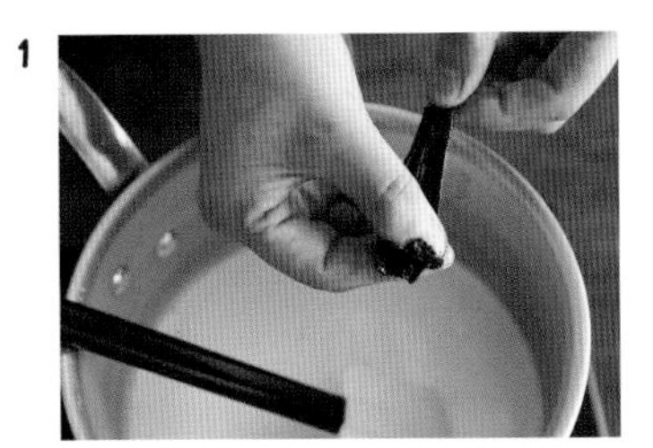

锅内倒入牛奶，放入香草荚，开中火熬煮，待锅的边缘开始起泡时关火。取出香草荚，趁热挤出香草籽，扔掉外皮，小心不要被烫伤。

5

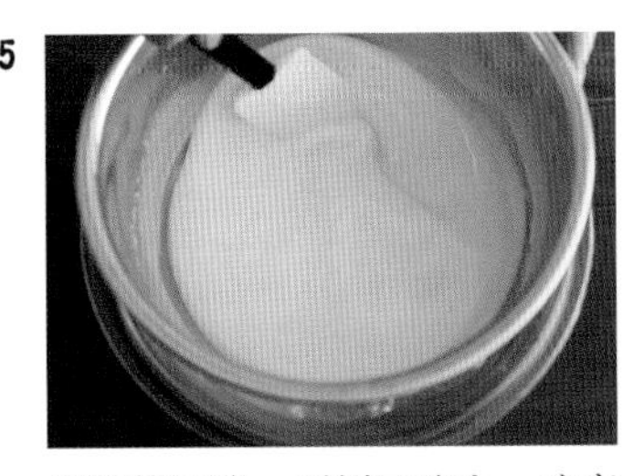

用笊篱过滤一下倒回碗内，碗底置于冰水中，不断用硅胶刮刀搅拌至冷却并产生黏性。放入橙子味利口酒搅拌均匀。

9

制作蜜瓜酱汁。用挖球器将蜜瓜肉挖出来，依次加入A中的材料并搅拌均匀。

advice

这款甜品的制作要点是，步骤**5**明胶冷却后的黏度和步骤**6**打发鲜奶油后产生的黏度要大致相当，这样才能更好地混合在一起。另外，我加入了香草调味，在煮牛奶时，还可以加入红茶或咖啡丰富口感，也可以用橙汁或草莓汁代替利口酒使口感更加清爽。

2

将蛋黄放入碗内，用手动打蛋器打散，放入砂糖，搅拌使其中混入空气，直到发白并产生黏性为止。

3

将一半步骤**1**的材料倒入步骤**2**的碗内搅拌均匀，再倒入另一半继续搅拌。

4

将步骤**3**的材料倒入锅内，用耐热的硅胶刮刀搅拌，直至表面的气泡消失并产生轻微的黏性。关火后放入滤去水分的明胶，搅拌使其溶解。

6

另取一个碗，放入鲜奶油，碗底置于冰水中打发至六分发（提起手动打蛋器，奶油缓慢流淌，掉落的痕迹迅速消失）。

7

将1/3步骤**6**中的材料倒入步骤**5**的碗内，用硅胶刮刀搅拌均匀，再倒入剩余的材料继续搅拌。

8

模具内侧用水浸润一下，倒入步骤**7**的巴伐露奶糊，轻轻晃动使奶糊填满模具。放入冰箱冷藏2个小时以上使其冷却凝固。

10

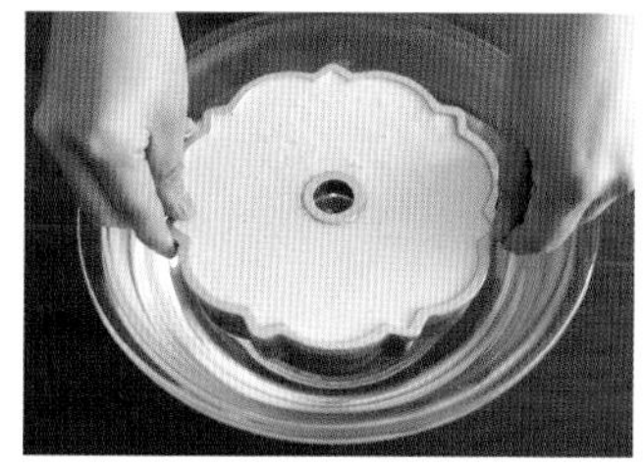

将步骤**8**凝固后的巴伐露连带模具一起迅速地放入热水内。用手轻轻地按一下巴伐露的边缘，使其从模具中剥离，倒扣在容器内，将步骤**9**的酱汁浇在中间。

金宝顶蓝莓玛芬

大家也许会认为做玛芬超级简单，只需要把各种材料放进碗里，混合在一起而已，其实越是看起来简单的糕点，越难做。这款糕点本人非常喜欢，柔软蓬松、温润可口，还有些微的颗粒感……是一款非常有特色的美式玛芬蛋糕。

材料（直径6cm、高3cm的玛芬蛋糕模具8个的量）

玛芬面糊

- 牛奶　80mL
- 柠檬汁　1大勺
- 无盐黄油　90g
- 蔗糖　70g
- 盐　1小撮
- 鸡蛋　1个
- 蛋黄　1个
- A
  - 低筋面粉　120g
  - 高筋面粉　40g
  - 全麦面粉　20g
  - 发酵粉　2/3小勺
  - 小苏打　1/2小勺
- 蓝莓　100g

金宝顶

- B
  - 蔗糖　50g
  - 低筋面粉　60g
  - 杏仁粉　20g
  - 肉桂粉　1/3小勺
- 无盐黄油　50g

准备

- 将玛芬面糊用黄油室温软化备用。
- 鸡蛋恢复常温备用。
- 金宝顶用黄油切成1cm见方的块，放入冰箱内冷藏备用。
- 将纸杯托放入模具内备用。
- 烤箱180℃预热。

advice

牛奶和柠檬混合在一起的口感与酪乳（从鲜奶油中提取黄油后剩下的液体）类似，清新爽口。这款玛芬中加入了高筋面粉和全麦面粉增加颗粒感，还加入了可以让口感更加浓厚的蛋黄以及温润的蔗糖……总之，这款甜品无论材料还是搭配都十分考究。

1

制作玛芬面糊。将柠檬汁放入牛奶内搅拌均匀，静置10分钟备用。

5

倒入1/3步骤**1**中的材料，用硅胶刮刀以切拌的手法搅拌均匀，再依次倒入一半剩下的混合材料A，和一半剩下的步骤**1**中的材料，搅拌均匀。接着将剩下的混合材料A和步骤**1**中的材料依次放入继续搅拌。

9

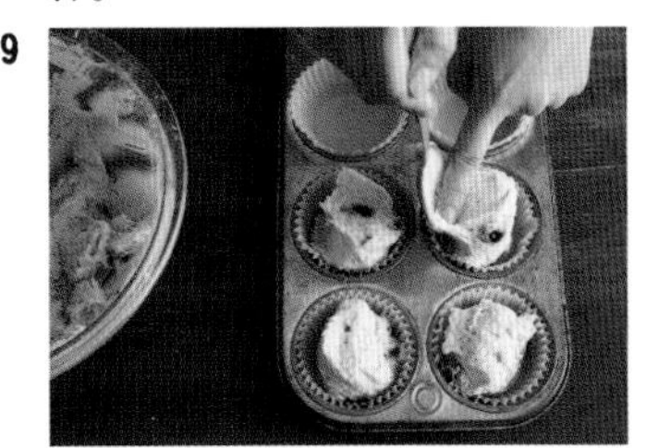

将步骤**6**的面糊倒入模具内，拿起模具在桌子上磕几下，让面糊填满模具。

2

取一个碗，放入面糊用黄油，用硅胶刮刀搅拌至奶油状。放入蔗糖，用手动打蛋器紧贴碗底迅速摩擦搅拌至发白的状态，再放入盐接着搅拌。

3

将鸡蛋和蛋黄打散后一点一点地倒入步骤**2**的材料内，搅拌至顺滑。

4

将A中的材料混合在一起，其中的1/3筛到步骤**3**的碗内，用硅胶刮刀以切拌的手法搅拌均匀。

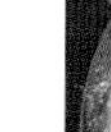

6

放入蓝莓，用硅胶刮刀以切拌的手法搅拌均匀。

7

制作金宝顶。另取一个碗放入B中的材料，用刮板搅拌均匀，再放入冷却后的黄油，切碎并搅拌在一起。

8

黄油切碎后，用指尖捻，用手掌轻轻地搓直到将其搓散。

10

将步骤**8**的金宝顶满满地撒在上面，放入烤箱以180℃烤25分钟。

樱桃克拉芙蒂

克拉芙蒂是源自法国利穆赞地区的一种地方糕点。看起来像布丁一样的鸡蛋面饼包裹着一颗一颗的樱桃，樱桃酸甜的汁水均匀地渗透在面饼中，简直是一种奢华的味觉体验。我用的是日本佐藤锦樱桃，也可以放美国车厘子。

材料（直径15cm、高3cm的耐热容器3个的量）
樱桃（佐藤锦） 200g
低筋面粉 30g
盐 1小撮
砂糖 60g
蛋黄 2个
鸡蛋 1个
香草荚 1/3根
牛奶 200mL
鲜奶油 80mL
黄油溶液① 15g
樱桃利口酒 1小勺
糖粉 适量

①将15g无盐黄油放到耐热容器内，再取一个稍微大些的容器装入热水，把耐热容器放进去使黄油熔化。

准备
· 在耐热容器上涂抹一些黄油（分量外），倒入砂糖（分量外），转动容器让砂糖粘到内壁上。多余的砂糖倒出来（如图）。
· 烤箱170℃预热。

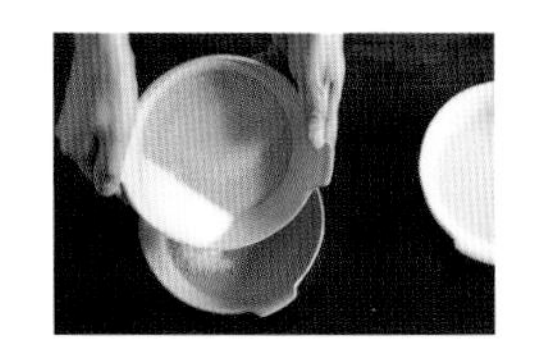

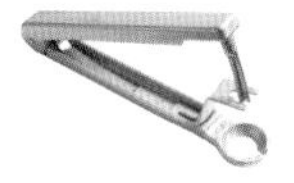

advice

这款懒人糕点是时令鲜果制作而成，操作十分简单。在涂抹黄油的模具内沾满砂糖，可以使蛋糕的边缘更加酥脆可口。利用樱桃去核器可以很容易地去掉樱桃核，只要握紧把手，樱桃核就会掉下来，还不伤果实，更加美观。

1

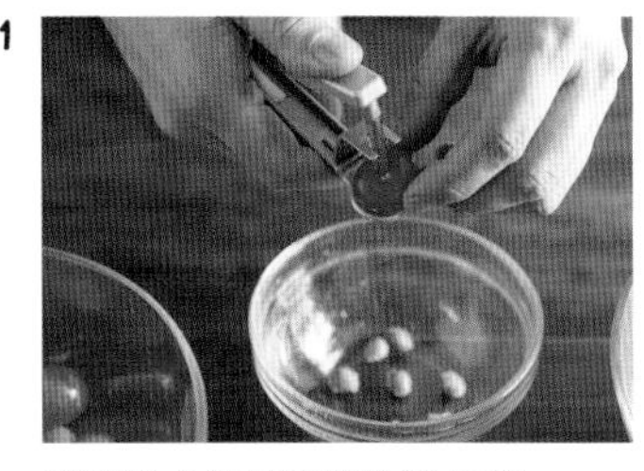

用樱桃去核器将樱桃核去掉。

5

一点一点地放入牛奶搅拌均匀，再倒入鲜奶油搅拌均匀。每次都需要一边倒入一边搅拌。

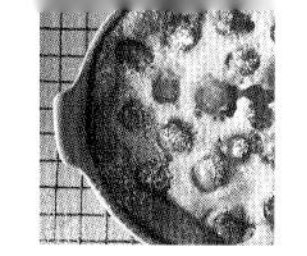

2

取一个碗，筛入低筋面粉，放入盐、砂糖用手动打蛋器搅拌均匀。

3

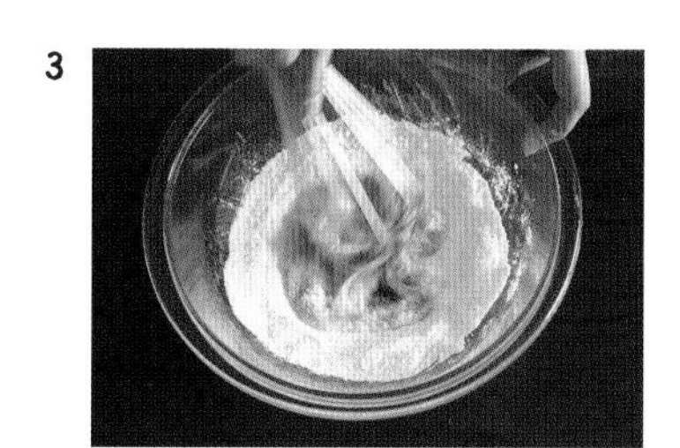

中间挖坑，放入蛋黄、鸡蛋，搅拌至顺滑。

4

将香草荚竖着切开，把香草籽挤入步骤**3**的碗内搅拌均匀。

6

依次放入黄油溶液和樱桃利口酒，搅拌均匀。

7

将耐热容器放到烤盘上，摆上步骤**1**的樱桃。

8

倒入步骤**6**的奶糊，放入烤箱内以170℃烤30~40分钟将其烤成焦黄色，吃的时候用滤茶器撒入糖粉。

柠檬奶酪派

柠檬奶酪派是美国南部一种常见的蛋奶派美食。虽然我也很爱吃口感浓郁的法式柠檬挞，但这款清新的柠檬派更符合我的口味，派皮酥脆，清爽可口，是一款非常适合手工制作的美食。

材料（直径24cm、高2.5cm的派盘1个的量）

派皮

- A
  - 低筋面粉　150g
  - 盐　1/2小勺
  - 砂糖　1大勺
- 无盐黄油　80g
- 冷水　40mL

柠檬蛋奶糊

- 鸡蛋　1个
- 蛋黄　2个
- 砂糖　150g
- 玉米淀粉　1大勺
- 柠檬汁　130mL~150mL（取自4~5个柠檬）
- 鲜奶油　350mL
- 黄油溶液①　30g
- 香草精　少许

鲜奶油　150mL

砂糖　1大勺

柠檬皮（日本产、切细丝、根据个人喜好适量添加）　少许

干面粉（高筋面粉）　适量

①将30g无盐黄油放到耐热容器内，再取一个稍微大些的容器装入热水，把耐热容器放进去使黄油熔化。

准备

- 将黄油切成1cm见方的块，放入冰箱的冷藏室或冷冻室内冻实备用。
- 在派盘上刷上一层黄油（分量外）。
- 烤箱180℃预热。
- 将直径1.5cm的圆形裱花嘴装到裱花袋上备用。

advice

派皮为美式风格，制作相对简单。面团在擀成饼皮前要放入冰箱内醒一下，派皮铺好在派盘内正式烘烤之前也要放到冰箱内醒一下，烤好后再冷藏一晚使柠檬奶油更加稳定。只要严格遵守以上这几点，做出来的口感就不会差。

1

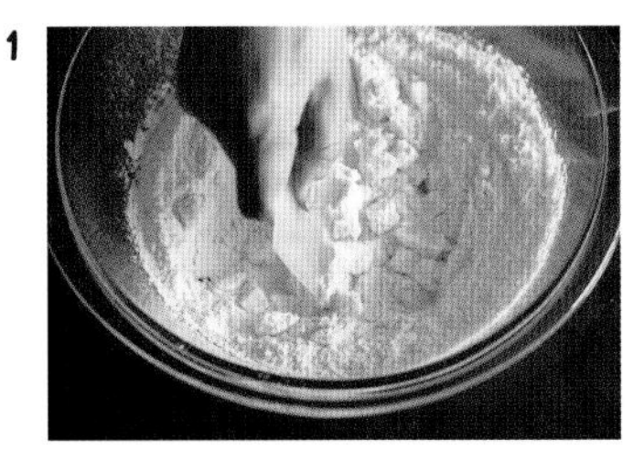

制作派皮。将材料A倒入碗内，用手动打蛋器搅拌均匀，放入冷冻后的黄油，用烘焙刮板切碎和其他材料搅拌在一起。

5

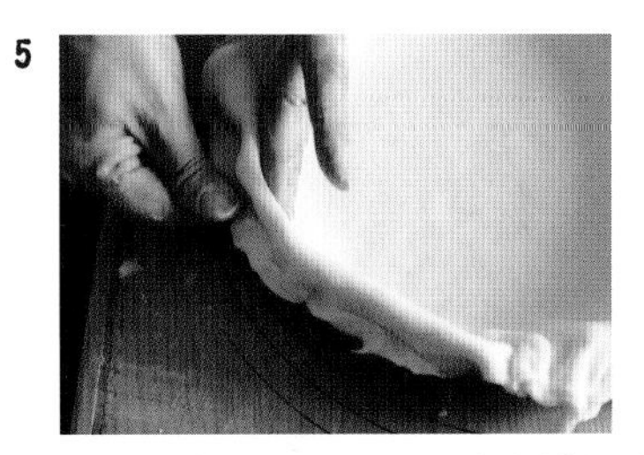

将面皮卷到擀面杖上，放在派盘上展开。高出派盘的部分向外折，仅留出高于派盘1cm左右的高度，按压使其紧贴派盘边缘，再用刀将突出来的、多余面皮切掉。

7

在步骤6的面皮上铺上烘焙纸，均匀地放上一些压派皮或挞皮的镇石，放到烤箱内以180℃烤20~25分钟，取下镇石和烘焙纸，将派皮放到晾网上冷却。

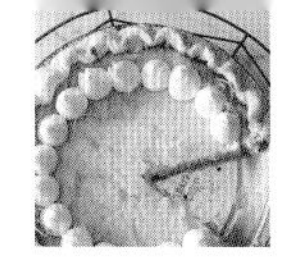

2

黄油切碎后，用指尖捻，用手掌搓，直到将其搓散并和其他材料混合均匀（也可将材料A和黄油放到食物搅拌机内搅拌）。

3

加入冷水，用烘焙刮板以切拌的手法搅拌至无粉末残留，再揉成一个面团。包上保鲜膜，用手轻轻压平，放到冰箱冷藏室内醒至少1个小时。

4

面案和面团上都撒一些干面粉，用擀面杖将面团擀成厚约3mm，比派盘大1圈（直径约28cm）的圆形面皮。

→

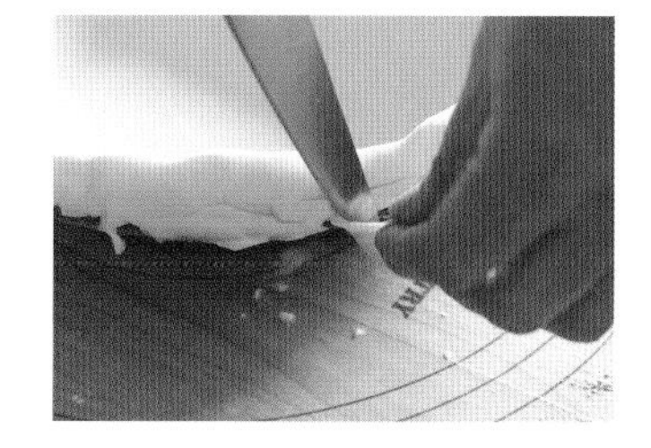

6

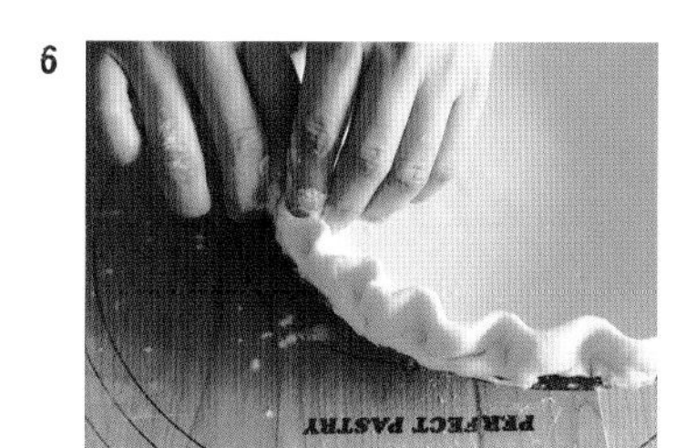

→

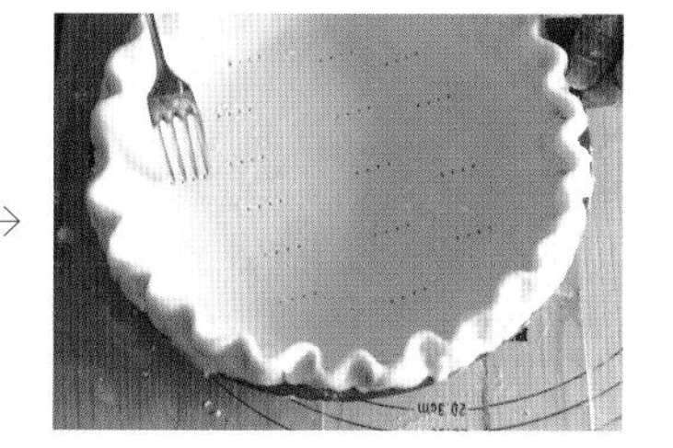

用两只手的拇指和食指从两侧夹住面皮，将立起来的边缘捏一下，做成波浪形，并用叉子在面皮底部戳一些通气孔，放到冰箱里冷藏30分钟。

8

做柠檬蛋奶糊。将鸡蛋、蛋黄、砂糖放入碗内，用手动打蛋器搅拌均匀，撒入玉米淀粉接着搅拌，再依次放入柠檬汁、鲜奶油、黄油溶液、香草精，搅拌均匀。

9

将步骤**8**的蛋奶糊倒入步骤**7**的派皮内，放到烤箱内以160℃烤40~50分钟，使表面呈现轻微的焦糖色，放到晾网上稍作冷却。

10

将柠檬派放到冰箱内冷藏一晚。取一个碗，放入鲜奶油和砂糖，碗底置于冰水中，打发奶油至八分发（提起手动打蛋器，奶油前端出现一个尖角）。然后将奶油装入裱花袋内挤在柠檬奶酪派周围，按个人喜好撒入适量柠檬皮。

AUTUMN

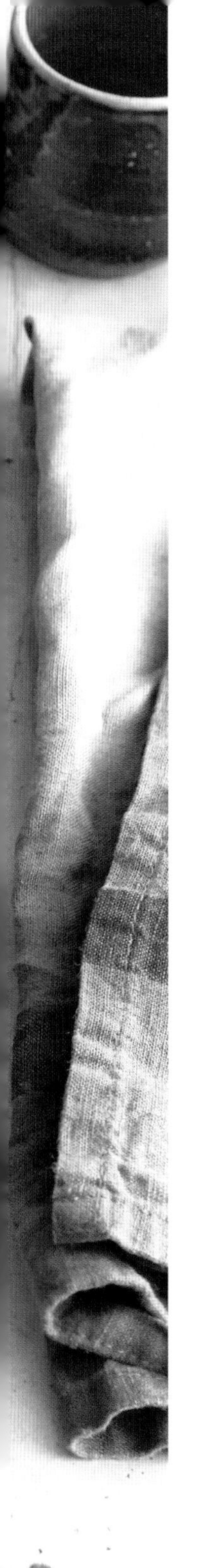

坚果挞

Recipe → P.86

黄油饼干

Recipe → P.88

焦糖泡芙

Recipe → P.90

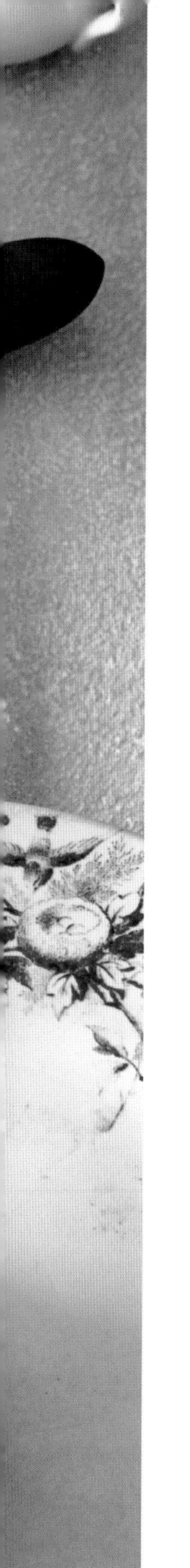

摩卡瑞士卷

Recipe → P.92

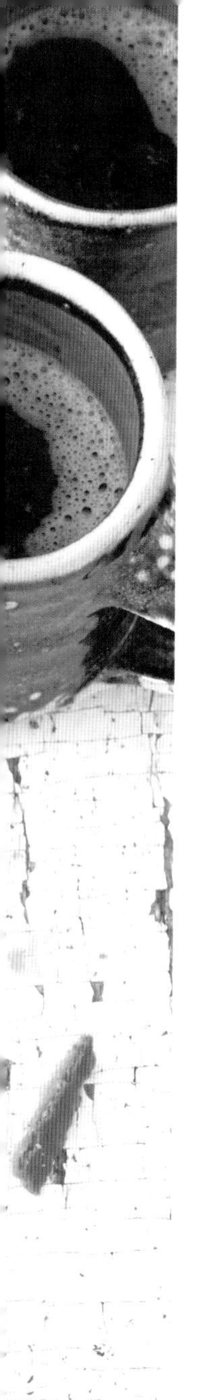

法式焦糖杏仁莎布蕾饼干

Recipe → P.94

杏肉磅蛋糕

Recipe → P.96

甜薯挞

Recipe → P.98

栗子味掼奶油

Recipe → P.100

翻转苹果挞

Recipe → P.102

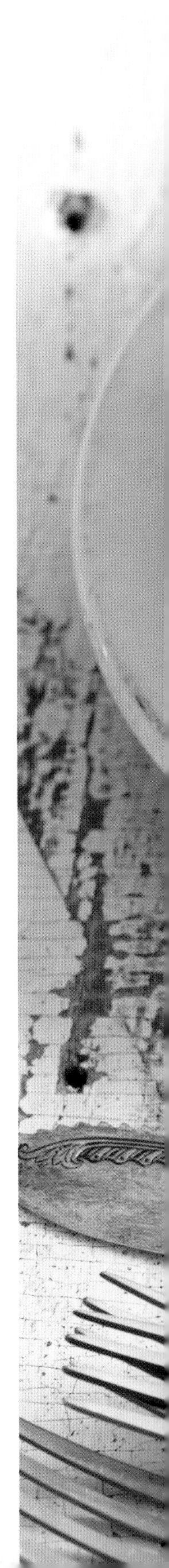

坚果挞

酥软的挞皮搭配杏仁奶油，点缀着各式各样的坚果和好吃的无花果……这道美味坚果挞香浓可口，但口感并不特别浓重；各式材料完美地融合在一起，形成了一种全新的口感，一口吃下去坚果的芬芳在口中蔓延。每当秋季来临，我都会制作这道美食。

材料（直径24cm的菊花边挞盘1个的量）

挞皮

- 无盐黄油　120g
- 糖粉　90g
- 盐　1小撮
- 鸡蛋液　25g（1/2个鸡蛋）
- A
  - 低筋面粉　170g
  - 杏仁粉　30g

杏仁奶油

- 无盐黄油　60g
- 糖粉　60g
- 鸡蛋　1个
- 杏仁粉　60g

核桃　80g

松子　60g

开心果　30g

干无花果（大个的）　4~5个

粗盐　1小勺

干面粉（高筋面粉）　适量

准备

- 黄油室温软化备用。
- 鸡蛋恢复常温备用。
- 在挞盘上薄薄地涂一层黄油（分量外）。
- 烤箱180℃预热。

advice

挞皮内加入了杏仁粉，香气浓郁，质地更紧实、口感更好，也更适合搭配坚果和杏仁奶油。挞皮边缘的花边是用挞皮花边夹做出来的。另外，您可以按照个人喜好添加各种坚果组合。最后撒上粗盐，增加咸味后会更加好吃。

1

制作挞皮。将黄油放入碗内用硅胶刮刀搅拌至呈奶油状。加入盐和糖粉继续搅拌至柔软。

5

将面团放到撒过干面粉的面案上，在面团上也撒一些干面粉。用擀面杖将其擀成厚约5mm的挞皮。

9

制作杏仁奶油。将黄油放入碗内用硅胶刮刀搅拌至奶油状，加入糖粉继续搅拌至柔软的状态，再把手动打蛋器紧贴碗底摩擦搅拌至发白。蛋液打散后一点一点地倒进去并搅拌均匀。

2

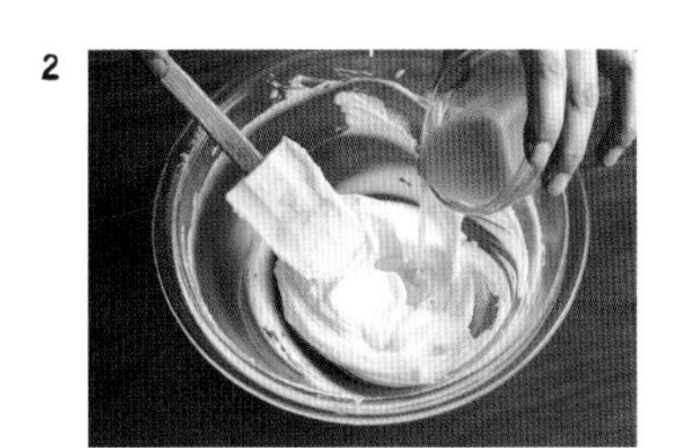

一点一点地倒入蛋液，搅拌均匀。为了避免混入过多的空气，继续用硅胶刮刀搅拌。

3

将A中的材料混合在一起筛入碗内，用硅胶刮刀以切拌的手法继续搅拌。搅拌到一定程度后，不断用硅胶刮刀把材料从底部翻过来按压，使粉类材料更好地融合在一起。

4

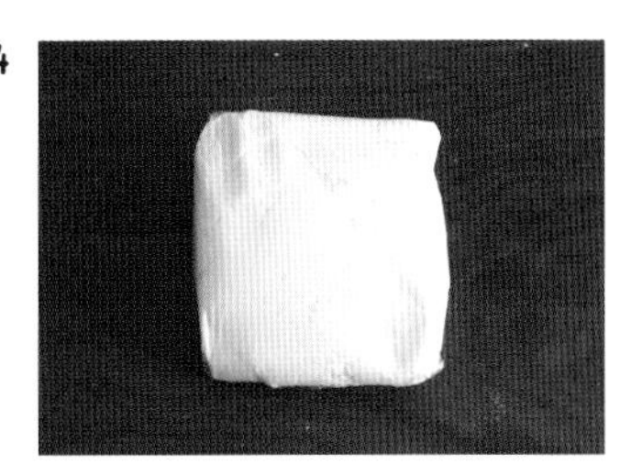

搅拌至无粉末残留的状态，揉成面团，按压平整后用保鲜膜包好，放入冰箱内醒约1个小时。

6

将挞皮卷到擀面杖上，放在挞盘上展开。按压挞皮使其紧贴盘底边缘。

7

轻轻按压挞皮，使其紧贴侧壁，并将露在挞盘外的多余部分切掉。

8

用挞皮花边夹轻轻地夹一下挞皮边缘，制作花边。

10

加入杏仁粉，用硅胶刮刀碾压搅拌使所有材料融合为一体。

11

将步骤**10**的杏仁奶油放入步骤**8**的挞皮内，用烘焙刮板抹平整。

12

将对半切开的无花果和其他坚果都摆在上面，撒上粗盐。放入烤箱内以180℃烤40~45分钟。

黄油饼干

这款黄油饼干外酥内软，十分好吃。它本是产自法国西部城市南特的一款地方糕点，名叫Galette Nantais。在我之前工作过的法国甜品店内十分受欢迎，大多为菊花形模具压出来的，上面有格子状的花纹，呈较深的焦糖色。

材料（直径4cm的菊花形饼干切模70个的量）
发酵黄油（不含盐） 100g
无盐黄油 100g
糖粉 50g
砂糖 90g
盐 1小撮
香草精 4滴
蛋黄 1个
低筋面粉 350g
发酵粉 1/4小勺
蛋液
- 蛋黄 1个
- 水 2小勺
- 砂糖 1小撮

低筋面粉（用作干面粉和粘在模具上） 适量

准备
· 将黄油和发酵黄油室温软化备用。
· 在烤盘上铺好烘焙纸备用。
· 烤箱180℃预热。

advice

饼干中添加了别有风味的发酵黄油，黄油香更加鲜明。同时还加入了细碎的糖粉和颗粒感十足的砂糖，使成品兼具酥软和香脆两种口感。只加入蛋黄，让曲奇更加松软可口。在表面涂抹蛋液，令色泽更加美观。

1

取一个碗，放入黄油、发酵黄油，用硅胶刮刀搅拌至奶油状。

5

将低筋面粉和发酵粉混合在一起筛入碗内，用硅胶刮刀以切拌的手法继续搅拌。混合均匀后，用硅胶刮刀从底部把材料翻过来碾压搅拌，直到所有的材料融合为一体。

9

模具需要一边粘上干面粉一边压制饼干。压完后，将剩下的不成形的部分再次揉成一团，擀成1cm厚的面饼，接着压制饼干，以此类推。取一个小碗将蛋黄打散，放入水和砂糖搅拌均匀。

2

加入糖粉继续搅拌，再加入砂糖搅拌至柔软。

3

用手动打蛋器紧贴碗底迅速地摩擦搅拌至发白，加入盐接着搅拌，再加入香草精继续搅拌。

4

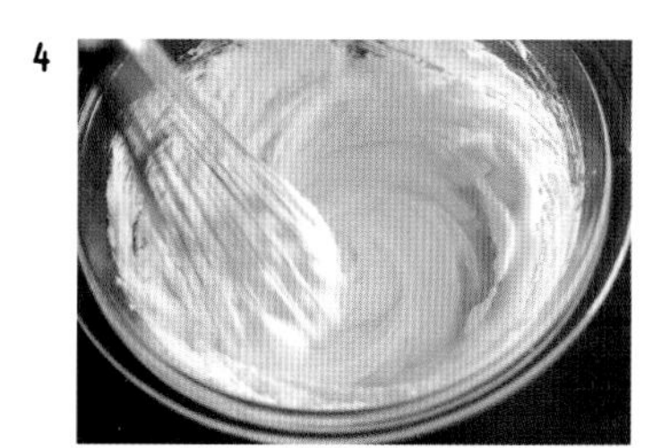

放入蛋黄，搅拌至柔软蓬松。

6

待碗内的材料完全无粉末残留后，把它揉成一团按压平整，用保鲜膜包好放入冰箱醒2~3小时。

7

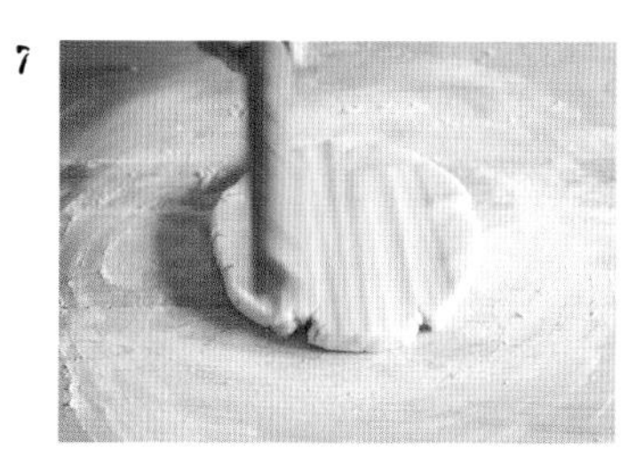

分出一半面饼，放到撒好干面粉的面案上，面饼上也撒一些干面粉，用擀面杖均匀地敲打平整。

8

将面饼擀成厚约1cm的薄面饼。如果家里有糕点尺（可使面饼厚度一致），可以将其放在擀面杖两侧，更容易擀出厚度均一的面饼。

10

将饼干摆在铺好烘焙纸的烤盘上，刷上步骤**9**的蛋液，用竹扦横竖各划上两道条纹。放入烤箱内以180℃烤15分钟，直到呈焦糖色为止。

焦糖泡芙

这是一款我特别爱吃的经典泡芙，咬开略带咸味的泡芙皮后，蛋香浓郁的卡仕达酱和微苦的焦糖味蔓延在口中，简直好吃极了。

材料（19~20个泡芙的量）

泡芙皮

- A
  - 牛奶　60mL
  - 水　60mL
  - 无盐黄油　60g
  - 砂糖　1小勺
  - 盐　3g
- 低筋面粉　40g
- 高筋面粉　30g
- 鸡蛋　2~3个

卡仕达酱

- 牛奶　500mL
- 香草荚　1/2根
- 蛋黄　6个
- 砂糖　155g
- 低筋面粉　50g
- 无盐黄油　30g
- 橙子味利口酒（深色）①　2小勺

焦糖浆

- 砂糖　150g
- 水　2大勺

①以橙皮和科涅克白兰地为原料酿造而成的一种利口酒。

准备

- 将制作泡芙皮用到的鸡蛋和卡仕达酱用到的黄油都恢复常温备用。
- 将泡芙皮用到的低筋面粉和高筋面粉混合在一起，筛好备用。
- 准备2个裱花袋，分别装上直径为1.5cm和1cm的圆形裱花嘴，分别用于泡芙皮和卡仕达酱。
- 烤箱190℃预热。
- 香草荚竖着切开备用。

advice

制作泡芙皮时，有以下几点需要特别注意：①水和黄油沸腾后，倒入面粉，搅拌至在锅底粘上一层薄膜为止。②一边观察泡芙面糊的状态，一边缓缓地倒入蛋液。③烘烤至几乎彻底脱水为止。只要记住以上3点，就能做出好吃的泡芙皮；搭配浓郁的卡仕达酱和微苦的焦糖浆效果更佳。

1

制作泡芙皮。将A中的材料倒入锅中，开中火熬煮至沸腾，黄油熔化后立刻把筛好的面粉一次性倒进去，用木铲快速搅拌。不停地翻搅面糊，待面糊成为一团，并且在锅底结上一层薄膜时，倒入碗内。

5

制作卡仕达酱。将牛奶倒入锅中，放入香草荚，开中火熬煮，待边缘开始起泡就关火。取出香草荚，将香草籽挤在锅内，外皮扔掉，小心不要被烫伤。

9

将搅拌至细腻柔滑且已经产生光泽的卡仕达酱倒入平底方盘中，平摊开。盘底置于冰水内，将保鲜膜盖在表面稍微冷却一下。

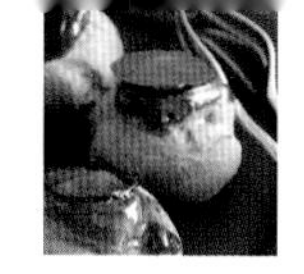

2

用手动打蛋器彻底打散鸡蛋，一边一点一点地倒入步骤**1**的材料中，一边不断地用木铲搅拌至顺滑。用木铲捞起面糊，缓慢地落下并垂下一个倒三角形时，就停止添加蛋液。

3

将泡芙面糊装入裱花袋内，均匀地挤在铺好烘焙纸的烤盘上，每个直径约为3cm，间隔4cm~5cm。

4

用叉子背部蘸一下步骤**2**中剩下的蛋液，在泡芙皮上轻轻压一下。放到烤箱内以190℃烤15分钟，稍微鼓起后，将温度调至170℃~180℃再烤约20分钟，待裂缝处也呈焦黄色时，取出放到晾网上冷却。

6

将蛋黄放入碗内，用手动打蛋器打散，放入砂糖搅拌至产生黏性。

7

把低筋面粉筛入步骤**6**的碗内并搅拌均匀。加入少量的步骤**5**中的牛奶，搅拌均匀后再将剩下的一次性倒进去继续搅拌。

8

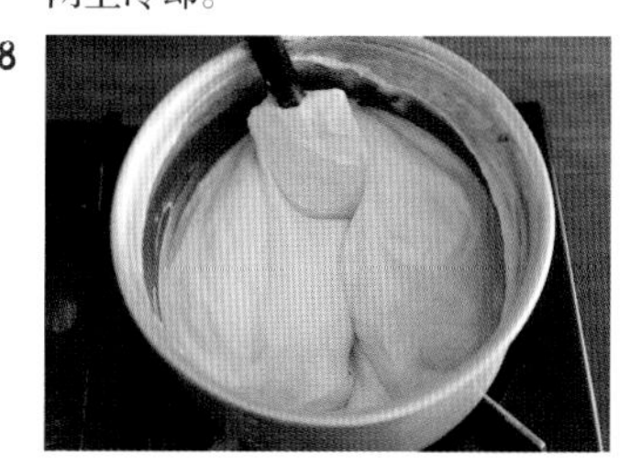

将步骤**7**的材料透过细眼笊篱倒回锅内，开大一些的中火，一边熬煮一边用耐热硅胶刮刀搅拌。产生黏性后接着快速地搅拌，锅中间开始起泡后关火。

10

倒入碗内，依次放入黄油、橙子味利口酒，搅拌均匀，盖上保鲜膜放到冰箱内冷却。

11

把步骤**10**的卡仕达酱装入裱花袋，用筷子之类的工具在泡芙皮底部扎孔，将卡仕达酱满满地挤进去。

12

将焦糖浆的材料倒入锅中，开中火熬至呈焦糖色，然后将锅底置于水中。将步骤**11**的泡芙的上部浸入焦糖浆内，接触过焦糖的一侧朝下，摆在铺好烘焙纸的烤盘上（如果锅内的焦糖浆凝固，加少量的水熬化即可）。焦糖凝固后，将焦糖泡芙翻过来即可享用。

摩卡瑞士卷

在瑞士卷中，我最爱的当属这款咖啡摩卡味的。虽然咖啡味并不十分浓烈，但在绵软湿润的饼皮以及轻盈的奶油中，都散发着淡淡的咖啡香。

材料（边长28cm的方形烤盘1个的量）

瑞士卷饼皮

- 鸡蛋　3个
- 砂糖　70g
- 低筋面粉　40g
- 无盐黄油　5g
- 牛奶　10mL

速溶咖啡　2大勺

奶油

- 鲜奶油　200mL
- 砂糖　2大勺
- 朗姆酒（深色）　2小勺

准备

- 鸡蛋恢复常温备用。
- 黄油和牛奶倒入耐热容器内，再取一个稍微大些的容器装入热水，把耐热容器放进去使黄油熔化（如图1）。
- 速溶咖啡加2小勺热水溶化备用。
- 在烤盘上铺烘焙纸。将烘焙纸铺在烤盘内，紧贴侧面裁成合适的长短，在四角处斜着剪开，重叠着紧贴烤盘边缘。最好用成卷的防粘烘焙纸或食品用纸等表面较粗糙的纸张，这样撕下后瑞士卷外形比较完整，容易卷起来。
- 烤箱200℃预热。

1

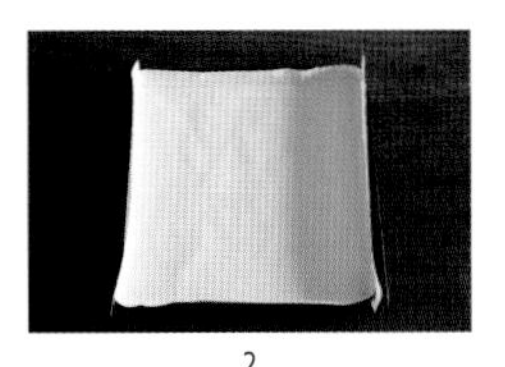

2

advice

瑞士卷饼皮中加入了牛奶和少量的粉类材料，这样烤出的饼皮比较软润，很容易卷起来。充分打发鸡蛋，快速和面粉混合在一起是饼皮制作成功的关键。饼皮为薄片状，烘烤时间短，受热均匀，很容易膨胀起来，对于初学者来讲更易上手。

1

制作瑞士卷饼皮。将鸡蛋打入碗内用手动打蛋器打散，倒入砂糖搅拌均匀。将碗底置于70℃左右的热水中，用电动打蛋器的高速挡打发至发白产生黏性。再用低速挡轻轻地搅拌使蛋液更细腻。

5

把面糊倒入铺好烘焙纸的烤盘内，用烘焙刮板之类的工具沿着同一方向，将表面涂抹平整，使厚度一致。拿起烤盘在桌子上磕2~3下，除去内部的气泡。放入烤箱内以200℃烤10分钟左右。

8

从袋子中取出瑞士卷饼皮，翻过来撕下烘焙纸，将瑞士卷饼皮的烘烤面朝上，放到刚刚撕下的烘焙纸上。

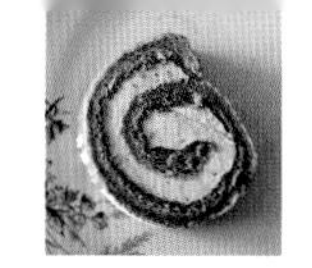

2

再次用手动打蛋器继续打发，打发至抬起手动打蛋器落下的蛋液形成丝带状花纹，痕迹缓慢消失的状态为止。期间蛋液温热后，撤掉热水即可。

3

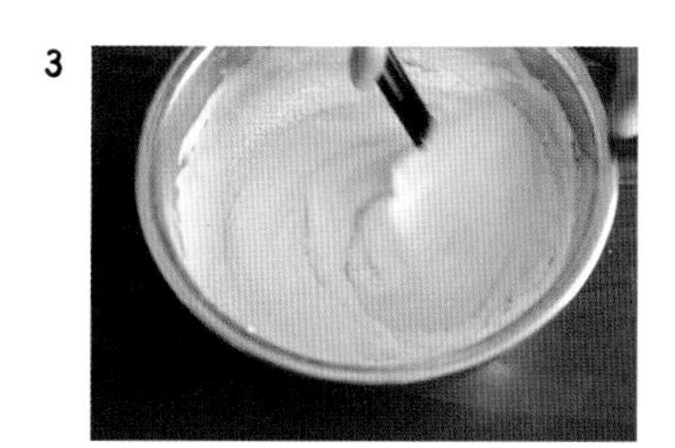

筛入低筋面粉，用硅胶刮刀以切拌的手法搅拌均匀。

4

将一半溶化的咖啡，经由硅胶刮刀倒入碗内，轻轻搅拌。再用同样的方法加入牛奶和黄油，以切拌的手法搅拌均匀。

6

从烤盘上取下瑞士卷饼皮放到晾网上，套上塑料袋保鲜，开着口静置30分钟左右，稍微冷却一下。

7

制作奶油。将砂糖、鲜奶油倒入碗内，碗底置于冰水中，用手动打蛋器打发至产生黏性。倒入剩下的咖啡，再放入朗姆酒打发奶油至七分发（提起手动打蛋器，奶油前端出现一个柔软的尖角）。

9

用奶油抹刀涂上奶油，靠近自己的一侧涂厚些，另一侧涂薄些。在靠近自己的一侧划3条间隔约为4cm的横线，更容易卷起来。

10

将靠近自己一侧的烘焙纸拿起来，擀面杖抵在烘焙纸上，转动擀面杖使瑞士卷饼皮卷起来（纸实际上不往蛋糕卷里面卷，而是卷在擀面杖上，推着蛋糕卷往前走）。卷到最后一圈时擀面杖贴住饼皮，向自己所在的方向拉紧蛋糕卷，固定形状，再用保鲜膜包起来，放到冰箱内冷藏30分钟左右。按照个人喜好用滤茶器撒上糖粉（分量外），或者用镂空花边纸撒上糖粉，做出好看的花纹。

法式焦糖杏仁莎布蕾饼干

这是一款法式传统烘焙点心，需要在饼干上浇上一层焦糖杏仁。因为面糊内加入了大量的黄油所以饼干更加酥软，再搭配香气浓郁的焦糖杏仁在口中慢慢融化，二者的比例恰到好处，十分好吃。

材料（边长15cm的方形无底蛋糕模1个的量，9块饼干）

饼干

- 无盐黄油　95g
- 糖粉　50g
- 盐　1g
- 蛋黄　1/2个
- 低筋面粉　130g

焦糖杏仁

- 无盐黄油　40g
- 鲜奶油　40mL
- 砂糖　50g
- 蜂蜜　20g
- 麦芽糖　20g
- 杏仁片　70g

干面粉（高筋面粉）　适量

准备

- ·将制作饼干用的黄油室温软化备用。
- ·烤箱190℃预热。

advice

这款焦糖杏仁饼干的饼皮中，加入了较高比例的黄油和较低比例的面粉，吃起来更加酥软。制作焦糖杏仁时杏仁放入锅内轻微着色后就关火，放到稍稍烘烤过的饼皮上，一起烘烤至呈深焦糖色为止，这样做出来会更加好吃。冷却后焦糖就会凝固起来，请趁着温热的时候切开。

1

制作饼干。将黄油放入碗内，用硅胶刮刀搅拌至奶油状。放入糖粉，搅拌至顺滑。

5

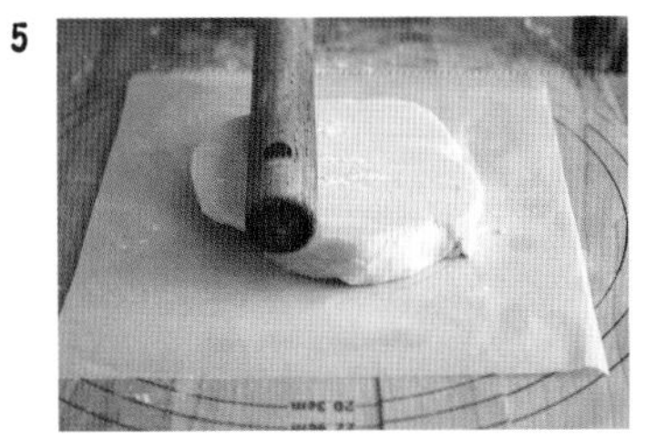

面案上撒干面粉，放上步骤**4**的面饼轻轻揉一下。再放到烘焙纸上，撒一些干面粉，用擀面杖敲打平整。

9

制作焦糖杏仁。将杏仁片以外的所有材料倒入锅中熬煮，并不时晃动锅体，加热至115℃左右（用食品温度计测温，或沸腾后再煮1分钟左右即可）。

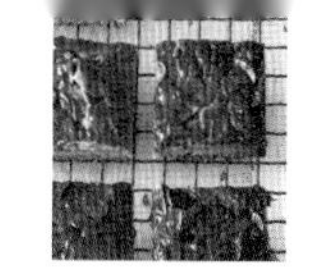

2

用手动打蛋器紧贴碗底迅速地摩擦搅拌至发白。加入盐再搅拌一下，倒入蛋黄搅拌至蓬松均匀。

3

筛入低筋面粉，用硅胶刮刀以切拌的手法搅拌。搅拌到一定程度后，将刮刀插入碗底翻起材料，碾压使面粉和蛋液更好地融合在一起。

4

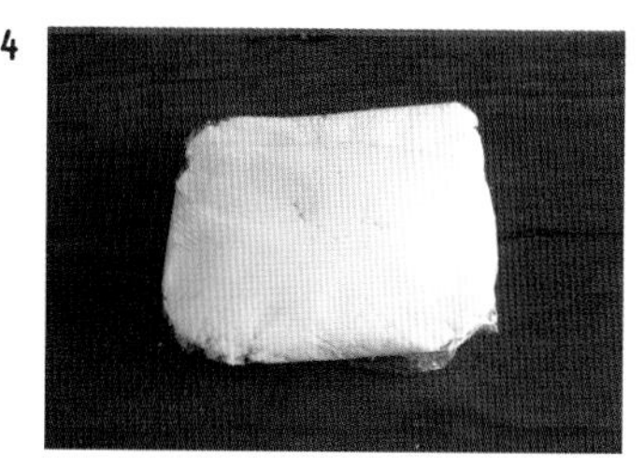

待无粉末残留后，将面糊揉成一团，按压平整，包上保鲜膜放到冰箱内醒2~3个小时。

6

再用擀面杖将面饼擀成比蛋糕模大一圈的面饼。

7

用无底蛋糕模压出方形饼干坯。

※剩下的面饼可以切成适宜入口的大小，揉成圆片烘烤后食用。

8

将模具和烘焙纸一起放到烤盘上，用叉子在底部扎一些出气孔，放入烤箱以190℃烤15分钟。

10

倒入杏仁片，用耐热硅胶刮刀迅速搅拌，倒在步骤8的饼干上，表面抹平整。将模具和材料一起放入烤箱以190℃烤20~25分钟，使表面呈焦糖色。

11

连带烤盘一起取出来，用奶油抹刀插在模具内侧，取下模具。

12

将饼干和纸一起取出，稍微冷却一下，趁热切成边长5cm的小正方形。

杏肉磅蛋糕

磅蛋糕是烘焙蛋糕中最经典的一款，将爱吃的果干、坚果等一起放进去，可以做出各种各样的创意磅蛋糕，这款杏肉磅蛋糕是我最爱吃的一种。软润的蛋糕散发着浓郁的黄油香，搭配酸酸甜甜、带着八角香的杏肉，味道简直完美。

材料（17cm×8cm×7cm的磅蛋糕模具1个的量）

杏肉蜜饯
- 干杏肉　100g
- 砂糖　120g
- 八角①　1~2个

无盐黄油　120g

蔗糖　100g

鸡蛋　2个

低筋面粉　120g

发酵粉　1/2小勺

糖浆
- 煮杏肉蜜饯的汤汁　3大勺
- 意大利苦杏酒②　2大勺

①八角一般有6~8个尖角，呈星形，味道清新甜香。

②用从杏仁中提取的精华制作而成的利口酒。

准备
- 黄油放到室温环境下软化。
- 鸡蛋恢复常温。
- 把干杏肉放到水中泡一下，待其浮起后，洗干净并擦干。
- 取一张烘焙纸，宽度等于蛋糕模底的宽度，长度为将烘焙纸紧贴模具铺好后，两端各余1cm，裁剪后将其横着铺在模具内，并使其紧贴模具侧壁。再取一张烘焙纸，按照上述方法裁剪后竖着铺在模具内（如图所示）。铺烘焙纸前，请先在模具内薄薄地刷一层黄油。
- 烤箱180℃预热。

advice

这款蛋糕软润可口而又不失蓬松感，产生这种效果的关键就是，千万不要让油蛋分离。事先软化黄油，与砂糖一起搅拌，适当混入一些空气后，再一点一点地倒入蛋液，彻底搅拌均匀。蔗糖温润甘甜，搭配杏仁放到蛋糕内特别好吃。

1

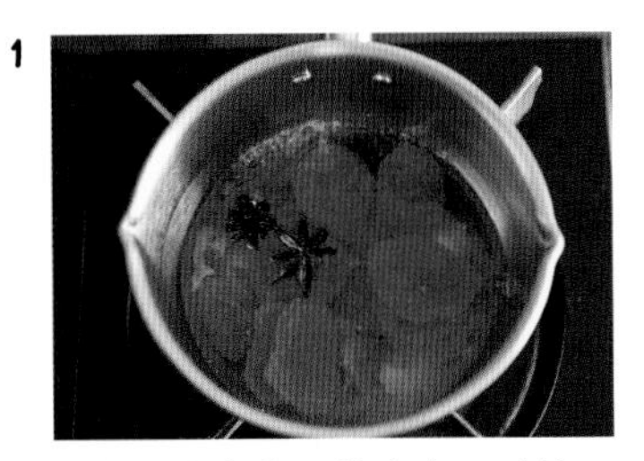

制作杏肉蜜饯。将杏肉、砂糖、八角放到一个小锅里，倒入刚刚没过的清水，开中火熬煮，沸腾后即转小火，一边熬煮一边撇去浮沫，再煮30分钟左右。

5

将低筋面粉和发酵粉混合在一起，筛入步骤**4**的碗内。用硅胶刮刀以切拌的手法搅拌至无粉末残留。

9

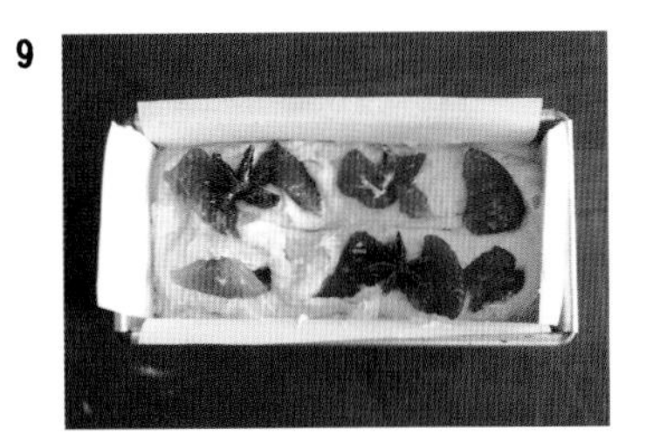

将剩下的杏肉和八角摆在面糊上面，放入烤箱内以180℃烤40~45分钟。插进竹扦，如果没有面糊黏在上面就是烤好了。

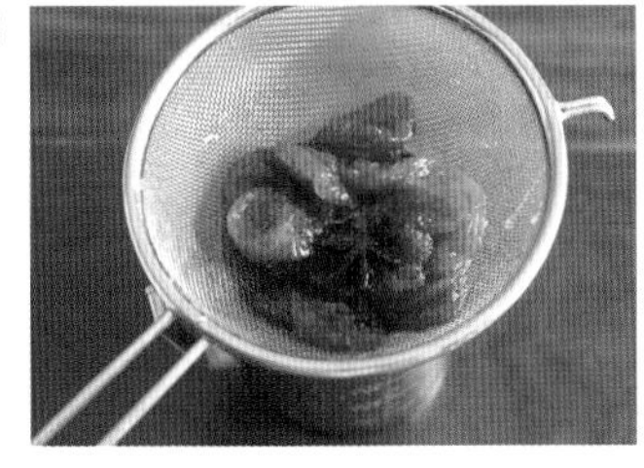

放到笊篱上彻底冷却，取出3大勺熬煮的汤汁和八角备用。

制作蛋糕。将黄油放入碗内，用硅胶刮刀搅拌至奶油状，放入蔗糖继续搅拌。用手动打蛋器搅拌至发白、蓬松。

4

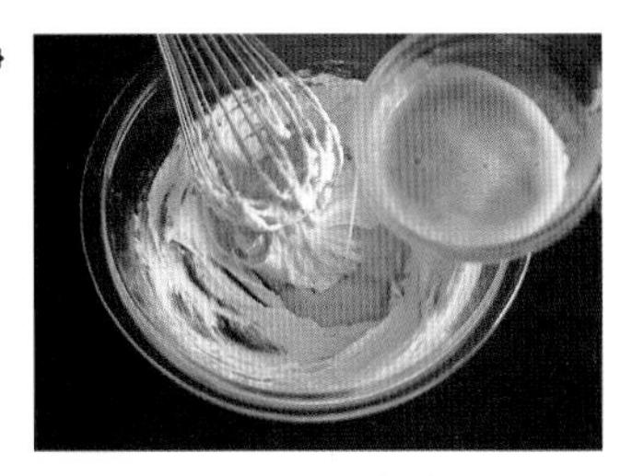

上下切拌将鸡蛋（特别是蛋清）打散，为了避免油蛋分离，一点一点地将蛋液倒入步骤**3**的材料内并搅拌均匀。如果搅拌过程中有油蛋分离的趋势，可适当加入一些低筋面粉再继续搅拌。

将步骤**2**的杏肉切大块，留下一点，剩余的都放入面糊中搅拌均匀。

7

将1/3步骤**6**中的材料倒入模具内，在桌子上磕儿下使其填满模具。将剩下的面糊倒入后用同样的方法都磕儿下，最后将表面抹平整。

8

蘸湿奶油抹刀，在面糊中间划一道2cm深的裂缝。

迅速从模具中取出蛋糕，撕下侧面的纸。将步骤**2**的汤汁和意大利苦杏酒混合在一起做成糖浆，取其中的1/2趁热用刷子把整个蛋糕刷一遍，稍微冷却一下后刷上剩余的糖浆。静置1天待糖浆渗透到蛋糕内部会更好吃。

甜薯挞

这道甜薯挞是能让我们回忆起往事的经典甜品。红薯内瓤做成小圆球味道也不错，不过更推荐这样整块的甜薯挞，味道类似浓香的烤红薯，特别好吃。刚烤好时，可以搭配掼奶油或香草冰激凌一起享用。冷却后味道也不错哦。

材料（8~9个的量）
红薯① 6个（约1.8kg）
蔗糖② 60g~80g
蛋黄 2个
鲜奶油 1~2大勺
盐 1小撮
无盐黄油（切成1cm见方的块） 40g
白兰地（或深色的朗姆酒） 2小勺
蛋液
- 蛋黄 1个
- 砂糖 1小撮
- 水 1/2小勺

①选择300g大小，形状整齐的红薯更便于操作。
②根据红薯的甜度和含水量适当调整蔗糖的用量。

准备
・烤箱190℃预热。

1

将红薯洗净，擦干后带皮放入烤箱内以190℃烤60~80分钟，烤至用竹扦可以轻易穿透。

5

一个一个地放入蛋黄，每放一个都要搅拌均匀，再依次放入鲜奶油、盐，搅拌均匀。

advice

制作这道甜品，我推荐选择水分含量高且有一定黏度的品种。如果您使用的是水分含量少不太黏的红薯，可以多添加一些鲜奶油或黄油，这样也会顺利地混合在一起。配料中的朗姆酒和白兰地很适合搭配红薯，可以让口感更好，请一定要加一些进去。

趁热将红薯对半切开，用勺子挖出内瓤（内瓤净重约为700g~800g）。注意不要损坏外皮，挑出8~9个外皮较为完整的备用。

3

用捣碎器或蒜臼捣碎红薯内瓤。

4

将步骤**3**的材料倒入锅中，加入蔗糖开中火一边熬煮，一边用耐热硅胶刮刀搅拌至蔗糖溶化。

放入黄油，继续搅拌直到混合为一体。加入白兰地接着搅拌，关火后稍微冷却。

7

用奶油抹刀之类的工具将步骤**6**的材料装入步骤**2**的红薯外皮内，将表面修成山峰形。

8

将蛋液所需的材料搅拌在一起，用刷子涂在甜薯挞表面。放入烤箱内以190℃烤15~20分钟，直到表面呈美丽的焦糖色。可以根据个人喜好搭配香草冰激凌（分量外），或撒上一些肉桂粉（分量外）享用。

栗子味掼奶油

每年一看到栗子，我就忍不住制作这道超级爱吃的甜品。虽然需要给栗子剥皮，用细筛过滤，操作起来有点辛苦，好在制作流程简单。在浓香的栗子泥上浇上掼奶油以及酸甜可口的木莓酱汁，吃上一口，满满的幸福感涌上心头。

材料（便于操作的分量）

栗子泥
- 栗子　500g
- 砂糖　75g~90g
- 无盐黄油　25g
- 牛奶　50mL
- 白兰地（或深色的朗姆酒）　1小勺

木莓酱汁
- 木莓　200g
- 砂糖　100g
- 柠檬汁　1大勺

掼奶油
- 鲜奶油　200mL
- 砂糖　2大勺
- 白兰地（或深色的朗姆酒）　2小勺

准备
・栗子放到水中浸泡30分钟左右。

advice

为了不破坏栗子的原味，只加入了少量砂糖稍微调节甜度。制作过程中，需时刻关注栗子泥浓度的变化，适当添加牛奶进行调节。加入白兰地，能使口感得到质的提升。

1

制作栗子泥。为方便剥栗子，在栗子上部竖着切一个开口。

4

将过滤后的栗子放到锅内，加入砂糖，开中火一边熬煮，一边用硅胶刮刀搅拌，直至砂糖彻底溶化。

8

制作掼奶油。将鲜奶油、砂糖倒入碗中，碗底置于冰水内，用手动打蛋器打发至产生黏性。加入白兰地后打发至七分发（提起手动打蛋器，奶油前端出现一个柔软的尖角）。

2

在高压锅中加入适量水，将栗子放入专门的蒸皿内，盖上盖子开大火加热。气压升高后转小火加热6分钟左右。关火释放压力后打开盖子（加热时间、加压方法以及排气方式详见压力锅内附的使用说明书）。也可用蒸锅蒸40~50分钟。

3

从开口处剥掉栗子的外皮和内皮，放入细筛中，用刮板碾压栗肉过滤。

5

加入黄油，搅拌至黄油熔化，并和栗子融合为泥状。

6

分3次放入牛奶，每次都搅拌均匀。倒入白兰地继续搅拌，关火稍微冷却。

7

制作木莓酱汁。倒入木莓、砂糖、柠檬汁，开中火煮5分钟左右，煮至果汁析出，果实碎烂。关火后稍微冷却。

9

将步骤**6**的栗子泥再用细筛压成细丝状，放到容器里，浇上掼奶油和木莓酱汁。剩下的木莓酱汁装入容器放到冰箱内冷藏，可保存4~5天。

翻转苹果挞

翻转苹果挞是法国的传统糕点。据说19世纪后半叶，Tatin姐妹两人一起经营着一家苹果挞餐厅，有一次她们制作苹果挞时将顺序搞错了，做出的苹果挞反而大受欢迎，翻转苹果挞从此就诞生了。一口下去既能吃到入口即化的苹果也能吃到香酥可口的挞皮，散发着黄油和焦糖香的苹果，搭配撒上砂糖口感酥脆的挞皮，口感美妙极了。

材料（直径15cm的圆形模具1个的量）

苹果（红玉）① 6~7个（1.2kg）

冷冻派皮（20cm×20cm） 1张

A
- 砂糖 100g
- 柠檬汁 取自1个柠檬
- 水 100mL

焦糖浆Ⓐ
- 砂糖 100g
- 水 2大勺

焦糖浆Ⓑ
- 砂糖 60g
- 水 1大勺

无盐黄油 50g

砂糖 1大勺

①也可用4个（1.2kg）富士苹果，每个都切成6瓣。

准备
- ·苹果切4瓣，去皮去蒂（如图所示）。
- ·黄油切成1cm见方的块备用。
- ·在模具内薄薄地涂上一层黄油（分量外）。
- ·烤箱分别180℃~190℃以及200℃预热。

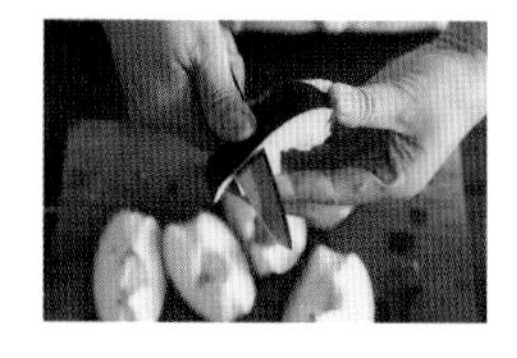

1

将苹果放入搪瓷或不锈钢锅内，倒入A中的材料开大火熬煮，沸腾后即转中火，熬煮10分钟左右将苹果煮出一些透明感。连带汤汁一起倒入平底方盘内冷却。

5

接着在中间也塞满苹果，再倒入平底方盘内剩下的汤汁，放入烤箱内以180℃~190℃烤约40分钟。

8

把派皮放到铺好烘焙纸的烤盘上，放入烤箱以200℃烤10分左右，让派皮鼓起来。取出后，将烘焙纸和烤盘依次放在派皮上，放进去再烘烤15~20分钟，让表面呈深深的焦糖色。

advice

将苹果放入模具时，一定要紧紧地排在里面，将大块的、不易煮烂的苹果放到外侧，依次放入较小的苹果，上层则摆放最小块的。刚放到烤箱内，苹果会稍微膨胀，不过水分蒸发出来以后可能会稍微塌陷，这时再放一次焦糖浆，能很好地渗透进苹果，让苹果更加好吃。冷却一晚后，苹果也会更加香脆。

2

将焦糖浆Ⓐ所需的砂糖和水倒入小锅内，开中火一边熬煮一边晃动锅体，熬至深茶色。倒入模具内使其覆盖在模具底部，放置冷却。

3

步骤**2**的焦糖浆冷却后，放入黄油。

4

把步骤**1**的苹果贴紧内壁紧紧地摆在模具内。

6

将焦糖浆Ⓑ所需的砂糖和水倒入小锅内，开中火一边熬煮一边晃动锅体，熬至深茶色。将焦糖浆Ⓑ浇在步骤5的苹果上，再烤15~20分钟左右。烘烤过程中，用木铲大力地压一下表面（温度较高，注意不要被烫伤）。冷却后，盖上锡箔纸放入冰箱内冷藏一晚。

7

将派皮取出解冻，用叉子戳一些小孔，用刷子刷一层水，撒上砂糖。

9

取下烤盘和烘焙纸，将直径15cm的圆形模具放在烤好的派皮上，沿着边缘切下一个圆形派皮。

10

将派皮撒过砂糖的一面朝下放在步骤**6**的苹果上，按压一下。模具底部用中火加热2~3秒，让焦糖稍微溶解。把模具底部放入热水内稍微浸一下也可以。

11

把奶油抹刀插入四周的内壁，活动一下，再将模具倒扣在容器内。切好后根据个人喜好适当浇上打发的鲜奶油（分量外）后即可食用。

WINTER

西梅熔岩巧克力蛋糕

Recipe → P.120

法式巧克力达克瓦兹

Recipe → P.122

香蕉巧克力挞

Recipe → P.124

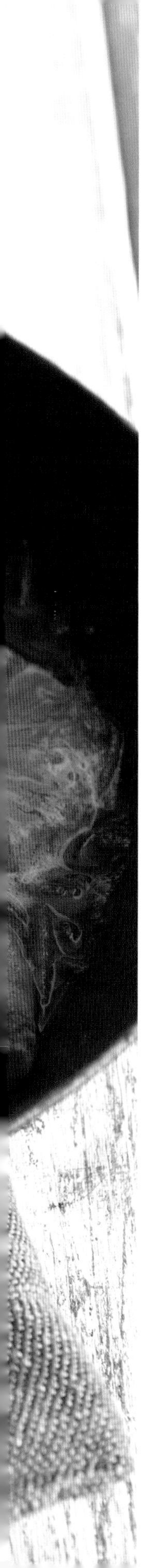

苏塞特可丽饼

Recipe → P.126

法式柠檬假期蛋糕

Recipe → P.128

圣诞果冻

Recipe → P.130

圣诞水果奶油蛋糕

Recipe → P.132

西梅熔岩巧克力蛋糕

熔岩巧克力蛋糕法语名为“fondant au chocolat”，“fondant”是熔化的意思。烘烤后内部的软心呈流淌的状态，入口即化，这就是熔岩巧克力蛋糕的魅力所在。这款蛋糕还添加了红酒煮西梅，很符合成年人的口味。

材料（直径15cm的圆形蛋糕模具1个的量）
烘焙用巧克力（甜） 110g
无盐黄油 90g
鸡蛋 3个
砂糖 120g
可可粉 30g
红酒煮西梅①
- 西梅干 250g
- 红茶（泡好的、浓一些的） 1杯
- A
  - 红酒 1杯
  - 砂糖 60g
  - 橙子（切圆片或去皮后切圆片） 1/2个
  - 肉桂棒（对半掰开） 1根
  - 香草荚（竖着切开） 1/2根

①此为便于操作的分量，剩下的可以放到冰箱内冷藏保存2周左右。

准备
- 西梅干泡在红茶内1个小时左右回软（如图1）。
- 在模具内侧薄薄地涂抹一层黄油（分量外），在模具底部和侧壁铺上或贴上烘焙纸，蛋糕经过烘烤后会发生膨胀，所以侧面的烘焙纸需要略高于模型（如图2）。
- 巧克力切碎备用。
- 黄油切成1cm见方的块备用。
- 烤箱180℃预热。

1

2

advice

这款蛋糕不含面粉，使用可可粉和巧克力制作而成，口感绵润。将蛋液充分打发使其混入大量空气，这样在添加了密度较高的巧克力后气泡也不容易消失。搅拌的时候，需要整体搅拌均匀，但也不要搅拌过度。烤好的熔岩巧克力蛋糕会膨胀得很大，之后表面会出现裂纹再缓缓地塌陷下来，这是正常现象，是制作成功的标志。

1

红酒煮西梅。把用红茶泡过的西梅和浸泡的红茶一起倒入锅中，加入A中的材料，开中火熬煮。煮开后转小火煮约15分钟。待其稍微冷却后倒入容器内，放到冰箱内冷藏。

4

用电动打蛋器的高速挡，将蛋液打发至发白并产生黏性，再用低速挡轻轻搅拌使蛋液更加细腻。打发过程中如蛋糊温热，可撤掉热水。

8

搅拌面糊。待其由大理石花纹状变为茶色后，改用硅胶刮刀从下向上翻拌均匀。

2

将巧克力和黄油放入碗内。取一口锅装入热水，把碗放进去隔水煮，静置一会儿待巧克力和黄油熔化后，用耐热的硅胶刮刀搅拌至柔滑。

3

另取一个碗，放入鸡蛋用手动打蛋器打散，加入砂糖搅拌均匀。碗底置于70℃的热水内，搅拌至砂糖彻底溶化。

5

用手动打蛋器继续打发至抬起手动打蛋器，落下的蛋液呈丝带状，痕迹迅速消失的状态。

6

将可可粉筛入步骤**2**的碗内，用硅胶刮刀搅拌至顺滑。

7

将步骤**6**的材料倒入步骤**5**的碗内，用手动打蛋器轻轻地搅拌不要破坏气泡。

9

把面糊倒入模具内，在桌子上磕2~3次，去除气泡。

10

取8~10个用红酒煮过的西梅干，切大块装饰在蛋糕上，放入烤箱内以180℃烤12~15分钟。稍微冷却后，从模具内取出放到冰箱内彻底冷却。用滤茶器撒上一些可可粉（分量外），切开后按照个人喜好搭配打发过的鲜奶油（分量外）即可食用。

法式巧克力达克瓦兹

在面糊中加入蛋白糖霜、杏仁粉、糖粉，是法式糕点比较常见的做法。做出来的蛋糕四周酥脆、中间柔软蓬松，十分受欢迎。这款法式巧克力达克瓦兹中间夹着现做的巧克力奶油，轻盈可口。另外，小巧精致、甜度较高，十分适合作为红茶或咖啡的茶点享用。

材料（15个的量）

达克瓦兹面糊

- 蛋白　100g
- 砂糖　20g
- A
  - 杏仁粉　80g
  - 糖粉　80g
  - 低筋面粉　20g

糖粉　150g

巧克力奶油

- 鲜奶油　100mL
- 烘焙用巧克力（甜）　100g
- 砂糖　2½小勺
- 白兰地　1小勺

准备

- 将A中的材料混合在一起后过筛，因为杏仁粉颗粒较粗，在筛的时候可以用手压一下。
- 巧克力切碎备用。
- 准备2个裱花袋，分别装上直径为1.5cm和1cm的圆形裱花嘴，分别用于挤面糊和巧克力奶油。
- 烤箱180℃预热。

advice

这道糕点成功的关键是，达克瓦兹面糊所需的杏仁粉、糖粉、低筋面粉等都提前筛好混合在一起；充分打发蛋白糖霜；再用翻拌的手法快速将各种粉类材料混合在一起，这样做出的达克瓦兹面糊才会更加蓬松。要分两次在面糊上满满地撒上糖粉，待第一次的糖粉渗入面糊后，再撒第二次，这样做出的达克瓦兹更加香酥可口。因为中间夹的是现做的巧克力奶油，最好冷却后再食用。如果是馈赠亲友，需放入保冷剂。

1

制作达克瓦兹面糊。将蛋白放入碗内，用电动打蛋器的高速挡将其稍微打发，再分3~4次放入砂糖彻底打发。

5

将糖粉放入细筛内，满满地撒在面糊上。第一次筛的糖粉渗入面糊后，再筛一次。

9

将1/3步骤**7**的材料倒入步骤**8**的碗内，用硅胶刮刀搅拌。再倒入剩余的步骤**7**的材料，搅拌均匀后，放入白兰地再搅拌均匀。

2

更换为手动打蛋器继续打发制作蛋白糖霜，打发至抬起手动打蛋器，形成一个直立尖角的状态。

3

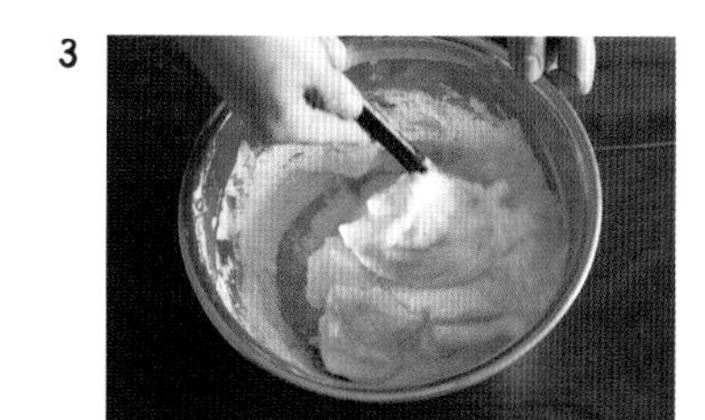

将提前筛好的1/3A中的材料倒入步骤**2**的碗内，用硅胶刮刀以翻拌的手法搅拌均匀，再倒入剩余的A中的材料，尽量一边转动碗，一边从下向上翻起材料轻轻搅拌，不要破坏气泡。

4

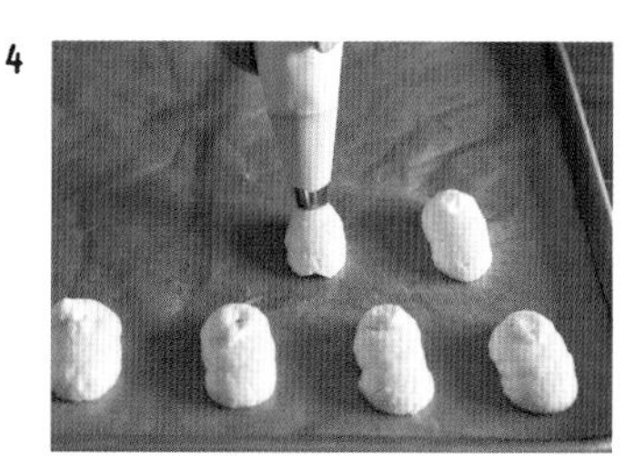

将步骤**3**的材料装入面糊用裱花袋，在铺好烘焙纸的烤盘上，慢慢地挤出一条一条长约4cm，宽一些的面糊。

6

放入烤箱内以180℃烤约15分钟，取出后放在晾网上冷却。

7

制作巧克力奶油。锅中倒入一半的鲜奶油，再倒入砂糖开中火熬煮，沸腾后就关火。然后放入切碎的巧克力，用耐热硅胶刮刀搅拌至溶化，稍微冷却。

8

剩下的鲜奶油放入碗内，碗底置于冰水中，用手动打蛋器打发至九分发（提起手动打蛋器，奶油前端挺立）。

10

将步骤**9**的材料装入裱花袋。把一半烤好的达克瓦兹翻过来，挤上巧克力奶油，盖上另一块达克瓦兹，放入冰箱内冷却一下即可享用。

香蕉巧克力挞

我特别喜欢这道美食，香蕉和牛奶是经典的搭配，再佐以香草精调味。散发着杏仁芳香的酥脆挞皮搭配香浓的巧克力，还可以同时品尝到烘烤和新鲜两种不同状态的香蕉，简直是完美的组合。

材料（直径18cm的菊花边挞盘1个的量）

挞皮

- A
  - 低筋面粉　150g
  - 糖粉　60g
  - 杏仁粉　25g
  - 盐　1小撮
- 无盐黄油　100g
- 蛋液　25g（取自1/2个鸡蛋）
- 香草精　少许

巧克力内馅

- 鲜奶油　130mL
- 牛奶　20mL
- 香草荚　1根
- 烘焙用巧克力（甜口、颗粒状）①　100g
- 朗姆酒（深色）　1小勺
- 鸡蛋　1个

香蕉　3根

可可粉　适量

干面粉（高筋面粉）　适量

①也可将巧克力板切碎来代替。

准备

- 黄油切成1cm见方的块，放入冰箱冷藏或冷冻室内冻实。
- 在挞盘内薄薄地涂抹一层黄油（分量外）。
- 香草荚竖着切开。
- 烤箱160℃预热。

advice

这道糕点中挞皮的制作充分考虑到和内馅的搭配，质地紧实、酥脆可口。将冻实的黄油和粉类材料搅拌在一起，为了不产生麸质，需要用按压而不是揉搓的手法将面团成一团。挞皮中还加入了芳香的杏仁粉，搭配后口感浓厚的巧克力更加好吃。

1

制作挞皮。将低筋面粉和糖粉筛入碗内，加入杏仁粉、盐和冷冻后的黄油，用烘焙刮板将黄油切碎和其他材料搅拌在一起。

5

将挞皮卷到擀面杖上，铺在挞盘上。按压内侧的挞皮使其紧贴底部边缘。

8

制作巧克力内馅。将牛奶、鲜奶油、香草荚放入锅内，开中火煮至沸腾后关火。取出香草荚，把香草籽挤到里面，注意不要被烫伤，外皮留作装饰用。倒入巧克力搅拌均匀，再倒入朗姆酒搅拌一下。

2

切碎黄油后，用指尖捻，用手掌搓直到将其搓散并和其他材料混合均匀（也可将A中的材料和黄油放到食物搅拌机内搅拌）。在蛋液内加入香草精。

3

一点一点地倒入步骤**2**的蛋液，用硅胶刮刀以切拌的手法搅拌。搅拌到一定程度后，用硅胶刮刀按压混合。用手团成一团，包上保鲜膜，轻轻地压平放入冰箱内醒2个小时左右。

4

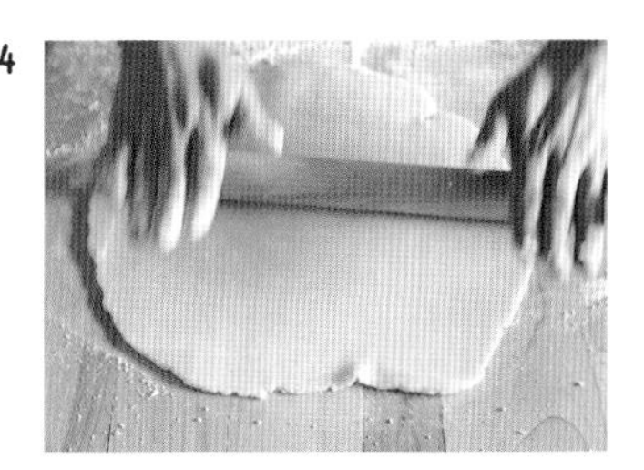

取出面团放在撒好干面粉的面案上，面团上也撒一些干面粉，用擀面杖将其擀成4mm厚的挞皮。

6

用擀面杖在挞盘上滚一圈，压掉露在挞盘外多余的挞皮。按压侧面的挞皮使其紧贴在挞盘内壁。用叉子在底部戳一些通气孔，放入冰箱内冷藏2~3个小时。

※可将多余的面团揉在一起，放到冰箱内再醒一次，擀成面饼，压成饼干的形状烘烤。

7

在步骤**6**的挞皮上铺上烘焙纸，均匀地放上一些压挞皮用的镇石，再放入烤箱以160℃烤15~20分钟。将烘焙纸和镇石取下再烤15分钟，放到晾网上冷却。

9

另拿一个碗，放入鸡蛋，用手动打蛋器打散，将步骤8的材料一点一点地倒入，搅拌均匀。

10

取一根香蕉切成2cm厚的圆片，摆在步骤**7**的挞皮上，倒入步骤**9**的巧克力内馅。放入烤箱内以160℃烤20分钟。放到晾网上稍微冷却一下，再放入冰箱冷藏2~3个小时。

11

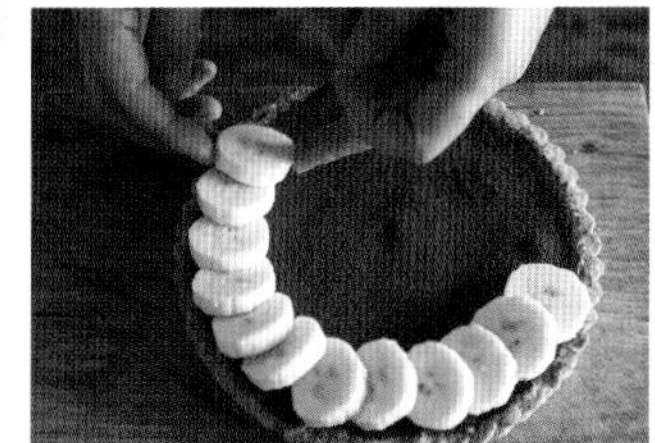

用滤茶器撒上一些可可粉，再将剩下的香蕉切成1cm厚的圆片，摆在周围，装饰上香草荚即可享用。

苏塞特可丽饼

记得初中的时候，奶奶带着我去一家酒店的餐厅，在那里我第一次吃到了苏塞特可丽饼。晶莹剔透的橙片装点在餐盘上，我站在桌前不禁感叹“世间竟有如此精妙的美食”。拿起可丽饼，满满地蘸上散发着橙子和黄油芳香的、浓郁的酱汁大快朵颐，幸福感油然而生。

材料（2人份）

可丽饼面糊①

- 荞麦粉
- 砂糖　40g
- 盐　1小撮
- 鸡蛋　2个
- 蛋黄　1个
- 牛奶　300mL
- 黄油溶液②　20g

橙子酱汁

- 橙子　1个
- 鲜榨橙汁　100mL（取自约1个半橙子）
- 砂糖　80g
- 无盐黄油　80g
- 橙子味利口酒（深色）③　1大勺

①此为便于操作的分量，大约可制成9~10张饼，多余的可用保鲜膜包好，放入封口塑料袋内，置于冰箱内冷冻保存，最长可保存两周左右，使用时自然解冻即可。

②将20g无盐黄油放到耐热容器内，再取一个稍微大些的容器装入热水，把耐热容器放进去使黄油熔化。

③用橙皮和科涅克白兰地酿造而成的一种利口酒。

准备

- 鸡蛋恢复常温。
- 将制作橙子酱汁所需的黄油切成1cm见方的块。

advice

可丽饼面糊使用的是风味独特、烘烤后香气四溢的荞麦粉。在面糊中加入牛奶后很容易结块，建议最开始一点一点地倒入牛奶，搅拌均匀后再继续添加。除了苏塞特吃法外，还可以在可丽饼烤好后简单地搭配黄油、砂糖，或是搭配水果、果酱等一起食用。

1

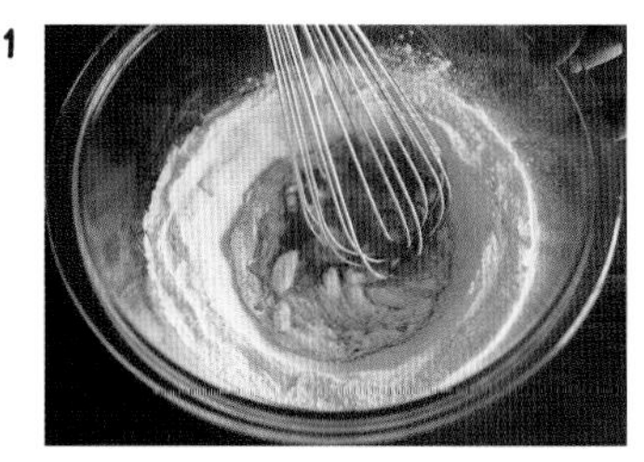

制作可丽饼面糊。把荞麦粉、砂糖、盐放入碗内，用手动打蛋器搅拌均匀。在中间挖个小坑，打入鸡蛋，用手动打蛋器搅拌至顺滑，再放入蛋黄搅拌均匀。

5

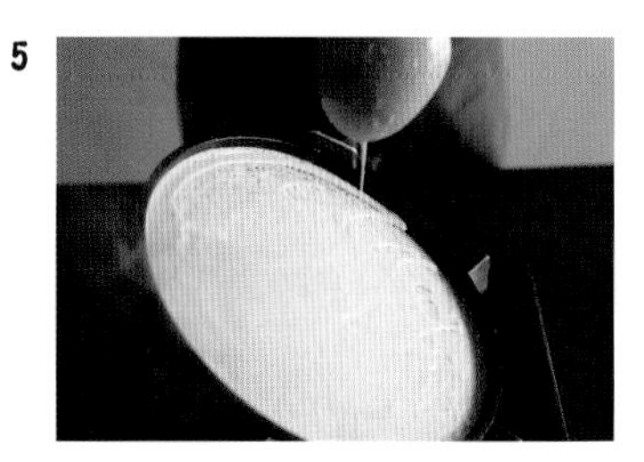

取一个可丽饼盘（或平底锅），开中火加热，放上黄油，稍微熔化后用厨房纸巾薄薄地涂满锅底，用饭勺舀起一勺步骤**3**的面糊倒入锅内，迅速转动平底锅，让面糊薄薄地铺满锅底。

9

倒入橙子味利口酒、步骤**4**的橙子果肉熬煮至沸腾，将4张对折2次的可丽饼放入锅内，煮1~2分钟，中间翻一次面。盛放到容器里，根据个人喜好搭配打发的鲜奶油（分量外）或香草冰激凌（分量外）即可享用。

2

一点一点地倒入牛奶，搅拌均匀，再放入黄油溶液继续搅拌。

3

盖上保鲜膜，放到冰箱内醒约1个小时。

4

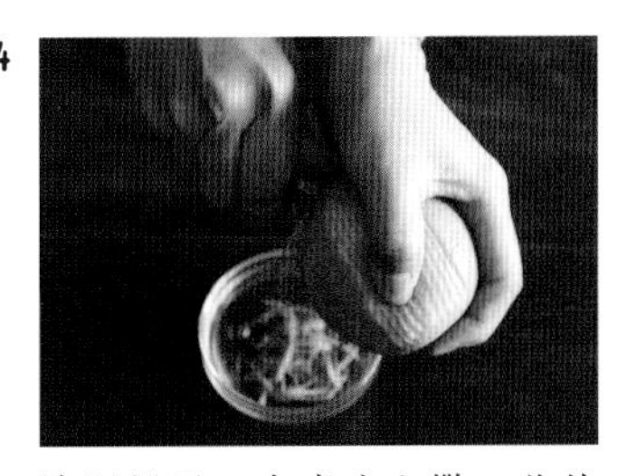

沾湿橙子，在表皮上撒一些盐（分量外），搓一搓后洗净。将一半的表皮用削皮器削成细丝（擦丝器也可以）。之后剥去外皮，将果肉横着切成4等份。

6

当面糊边缘翻起来，呈现轻微的焦黄色后，用竹扦扎入边缘将其掀起来。

7

两只手抓住面饼边缘翻面，再加热10秒钟。剩下的面糊按照同样的方式做成可丽饼。温度较高谨防烫伤。

8

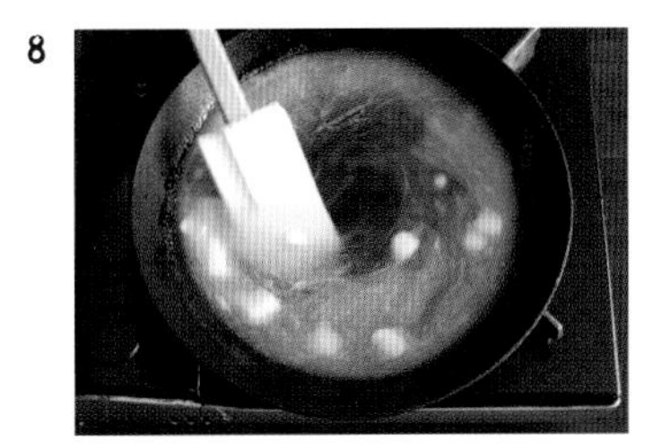

制作橙子酱汁。将鲜榨橙汁、步骤**4**的橙皮丝和砂糖倒入平底锅，用中火煮至沸腾，使砂糖溶化。分3次放入黄油，每次都用耐热硅胶刮刀搅拌均匀，直到产生轻微的黏性为止。

法式柠檬假期蛋糕

据说这款蛋糕名字的含义有“周末和最重要的人一起分享的蛋糕”、“在长假时享用的蛋糕”等多种说法。但棱角分明，裹着薄薄的糖衣是这款法国传统糕点不变的特征。口感柔软轻盈，入口即化，很适合搭配红茶享用，是我特别爱吃的一款蛋糕。

材料（17cm×8cm×7cm的磅蛋糕模具1个的量）
发酵黄油（不含盐） 160g
鸡蛋 2个
砂糖 80g
柠檬皮（切细丝） 取自1个柠檬
柠檬汁 1小勺
低筋面粉 80g
柠檬糖衣
- 糖粉 80g
- 柠檬汁 1大勺
- 水 少许

黄油溶液[①] 10g
低筋面粉（粘在模具内） 适量
开心果（切碎）、柠檬皮（切细丝） 按个人喜好适量添加

①将10g无盐黄油放到耐热容器内，再取一个稍微大些的容器装入热水，把耐热容器放进去使黄油熔化。

准备
- 用刷子在模具内刷一层黄油溶液，放入低筋面粉，转动模具使面粉粘到模具内侧，多余的部分倒出即可（如图所示）。
- 烤箱160℃预热。

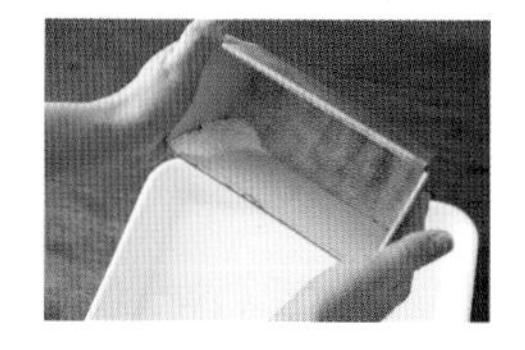

advice

焦黄的黄油散发着类似坚果的芳香，再配上柠檬酸爽的清香是这款蛋糕独有的特色。彻底打发蛋液，再加入焦糊状态的黄油，使蛋糕柔软轻盈，入口即化。另外，搅拌手法也很关键，在打发后的蛋液内倒入面粉，在有少量粉末残留时，加入焦糊状态的黄油，再搅拌均匀，让黄油和其他材料混合在一起即可。

1

锅内放入发酵黄油，开中火加热使其熔化，开始起泡后不时地晃动锅体，加热至黄油整体呈茶色，散发出坚果一样的香味。锅底浸入水中，冷却到温热的状态（约30℃）。

5

筛入1/3的低筋面粉，用硅胶刮刀以切拌的手法搅拌均匀。分2次放入剩下的低筋面粉，搅拌至残留少量粉末。

9

制作柠檬糖衣。将糖粉倒入碗内，加入柠檬汁搅拌均匀，加一些水进去，搅拌至黏糊状。

2

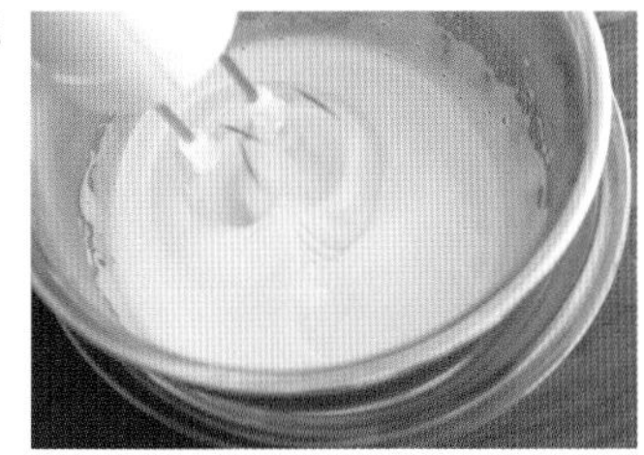

鸡蛋打入碗内，用手动打蛋器打散，倒入砂糖后搅拌均匀。碗底置于约70℃的热水内，用电动打蛋器的高速挡将蛋液打发至发白产生黏性，然后转低速挡，轻轻打发一下使蛋液更加细腻。

3

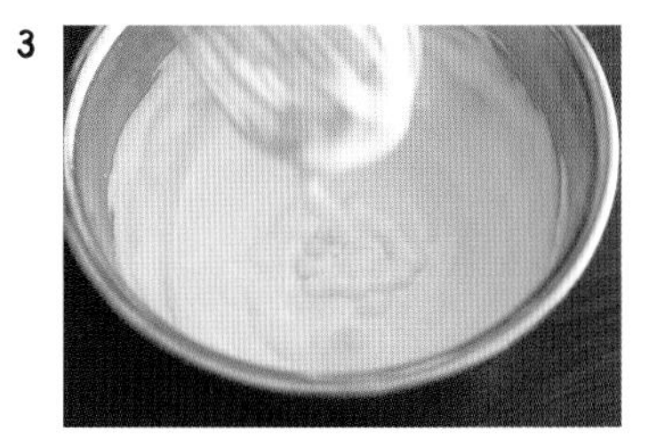

接着用手动打蛋器继续打发至提起手动打蛋器，垂下的蛋液在碗内呈丝带状，痕迹慢慢消失，搅拌过程中如蛋液温热，将热水撤掉即可。

4

放入柠檬皮和柠檬汁搅拌均匀。

6

将一半步骤**1**的黄油用滤茶器过滤一下，滤去黑色沉淀物，经由笊篱倒入碗内。用硅胶刮刀以切拌的手法搅拌均匀，放入剩下的黄油，搅拌至产生光泽。

7

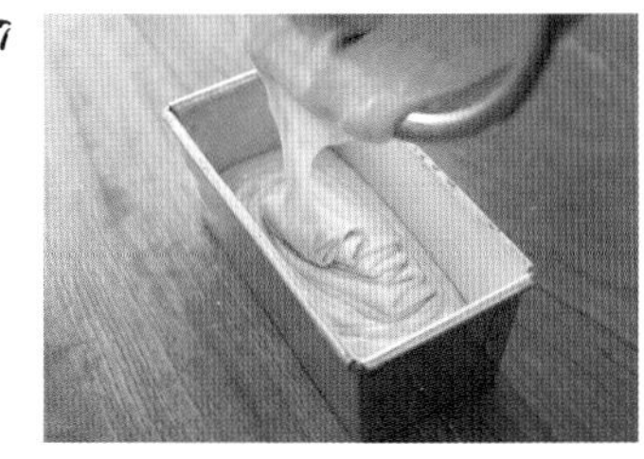

将步骤**6**的面糊倒入模具内，在桌子上磕几下，使面糊填满模具，放入烤箱内以160℃烤40~45分钟。用竹扦扎一下，如果没有面糊粘连则烘烤完成。

8

从模具中取出蛋糕放到晾网上稍微冷却一下，如果表面鼓起来，需将表面削平。

10

将步骤**8**的蛋糕底面朝上，刷上糖衣，根据喜好装饰一些无花果和柠檬皮。糖衣干了以后，将蛋糕切开即可享用。

圣诞果冻

添加了白葡萄酒的果冻内包裹着红黑两色的莓类鲜果，看起来高贵而美丽。这款果冻非常适合冬天在温暖的房间内享用，特别推荐作为圣诞大餐后的清爽甜点，无论是色泽还是营造的氛围都特别有圣诞节的喜庆之感。

材料（容量520mL的果冻模具①2个的量）
草莓　200g
木莓　70g
黑莓　130g
蓝莓　100g
白葡萄酒　160mL
砂糖　180g
明胶块　16g
柠檬汁　取自1个柠檬

①也可用磅蛋糕模具或圆环形模具。

准备
· 明胶块放在水量充足的容器内，浸泡10~15分钟泡开。

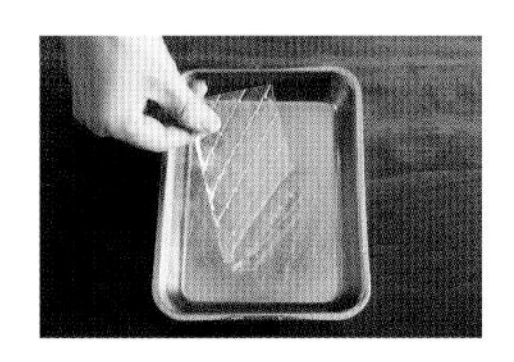

· 切掉草莓蒂，一半草莓横着对半切开，另一半草莓竖着对半切开。

advice

摆放草莓时，最好让一部分切口向外，一部分切口向内均匀地分布，这样做出来的效果更好。另外，请务必将果冻汁浸在冰水中，一边缓缓地使其凝固，一边摆放水果，这样水果就不会漂浮在液体上，无论从哪个方向分食，都能吃到大颗的水果。

1

将400mL水、白葡萄酒倒入锅内，开中火熬煮至沸腾，持续1~2分钟让酒精成分挥发。倒入砂糖，用耐热硅胶刮刀搅拌使其溶化。

5

在其中的一个模具内，放入适量的木莓和草莓，铺满碗底。另一个模具内侧铺满适量的蓝莓和黑莓。

8

同步骤**6**，倒入刚好盖住水果的果冻汁，使其以柔软的状态凝固。接着同步骤**7**，放入水果，并填满果冻汁。最后放入冰箱内彻底冷却凝固。

2

关火后，拧干化开的明胶，放入锅中搅拌使其溶化，再倒入柠檬汁搅拌均匀。

3

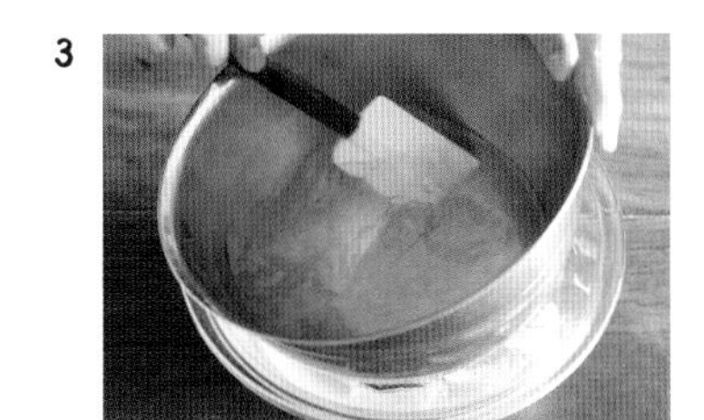

将步骤**2**的材料用筛子过滤到碗内，碗底置于冰水中，用硅胶刮刀不断地搅拌直到冷却至黏糊状。

4

润湿两个模具的内部，倒入步骤**3**的材料，5mm高即可，碗底置于冰水内使其凝固。

→

6

再倒入步骤**3**的果冻汁，盖住水果即可，碗底置于冰水内5~10分钟使其凝固（或放到冰箱内冷藏）。

※以柔软的状态凝固即可，不要冻实，如果冻得太实了，可从冰水中取出使其恢复黏糊状。

7

同步骤**5**，再分别放入草莓、木莓，以及黑莓、蓝莓，铺在微微凝固的果冻上。

9

将步骤**8**已经凝固的果冻和模具一起迅速地浸入热水中，用手按一下果冻边缘使其与模具分离，倒扣入容器内。根据个人喜好搭配打发的鲜奶油（分量外）、香草冰激凌（分量外）或莓类鲜果（分量外）一起享用。

圣诞水果奶油蛋糕

这款蛋糕给人最大的启示就是，非圆形蛋糕坯也能做出标准的圆形裱花蛋糕。只需将蛋糕片切成长条形，再卷起来即可，操作十分方便，切开后断面是漂亮的竖纹。装饰绿色和黑色的水果，看起来低调稳重比较符合成年人的品味，但如果换成经典的草莓，立刻就会产生活泼可爱的感觉。

材料（边长28cm的方形烤盘1个的量）

蛋糕坯
- 鸡蛋 3个
- 砂糖 60g
- 低筋面粉 60g
- 无盐黄油 5g
- 牛奶 10mL

奶油
- 鲜奶油 300mL
- 砂糖 1大勺
- 樱桃利口酒 2小勺

糖浆
- 砂糖 40g
- 水 80mL
- 樱桃利口酒 1大勺

麝香葡萄、黑莓、蓝莓等水果（任何你爱吃的水果） 适量

准备
- 鸡蛋恢复常温备用。
- 黄油和牛奶放到耐热容器内，再取一个稍微大些的容器装入热水，放入耐热容器使黄油熔化。
- 将糖浆所需的水和砂糖倒入小锅内用中火煮化，冷却后倒入樱桃利口酒搅拌均匀。
- 将烘焙纸铺在烤盘内，紧贴侧边裁成合适的长短，在四角处斜着剪开，重叠着贴合住烤盘四角（如图所示）。
- 烤箱200℃预热。

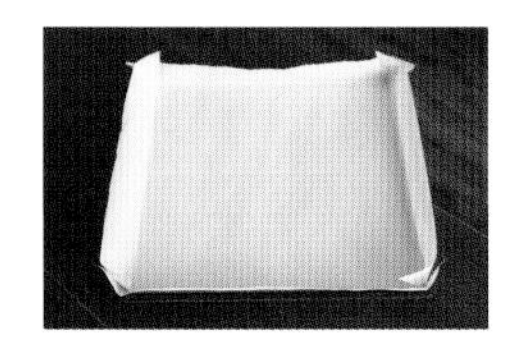

advice

做法类似摩卡瑞士卷（参考P.92~93），需要先烤出片状的海绵蛋糕。这款蛋糕越卷越大，所以还可以再烤一个蛋糕片接着卷成更大的蛋糕。蛋糕片分切的宽度决定了最终蛋糕的高度。在表面涂满糖浆，蛋糕坯不仅会更加柔软，也能丰富口感。奶油打发至软一点的七分发即可，抹面时让奶油抹刀沿着同一方向均匀地涂抹，效果就会不错。

1

制作蛋糕坯。碗内放入鸡蛋，用手动打蛋器打散，倒入砂糖搅拌均匀。碗底置于约70℃的热水内，用电动打蛋器的高速挡，将蛋液搅拌至发白并产生一定的黏度。转低速挡轻轻搅拌使蛋液更加细腻，搅拌过程中，如蛋液已经温热可将热水撤掉。

5

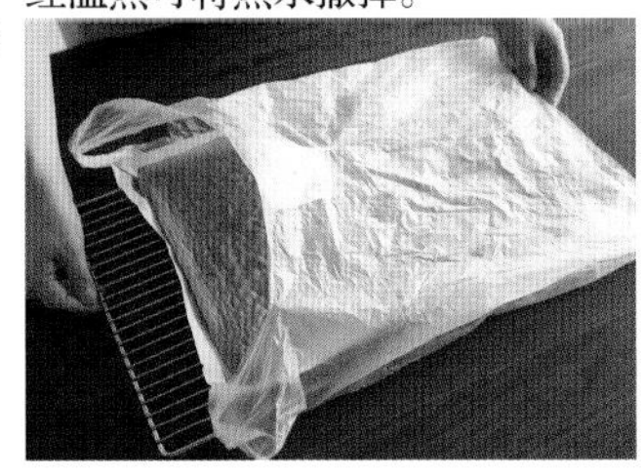

放入烤箱内以200℃烤10分钟左右。蛋糕连带烘焙纸一同从烤盘内取出，放到晾网上，放入塑料袋内保鲜，不要封口静置30分钟左右稍微冷却。

9

卷好后放到第2片蛋糕的边缘，将两片卷在一起。

2

用手动打蛋器继续打发至提起手动打蛋器，垂下的蛋液在碗内呈丝带状，痕迹迅速消失为止。

3

筛入低筋面粉，用硅胶刮刀以切拌的手法搅拌均匀。经由硅胶刮刀，倒入黄油溶液和牛奶，将材料从底部反复翻起来搅拌均匀。

4

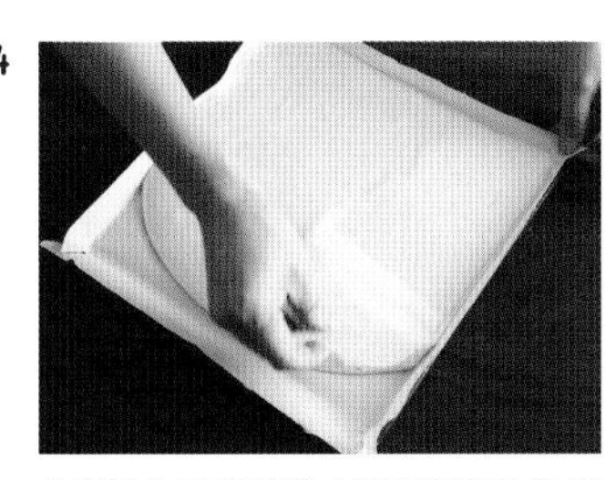

步骤**3**的面糊倒入铺好烘焙纸的烤盘内，用烘焙刮板沿着同一方向抹平表面，使面糊厚度均一。烤盘在桌子上磕几下去除气泡。

6

制作奶油。将制作奶油的材料放入碗内，碗底置于冰水中，打发奶油至七分发（提起手动打蛋器，奶油前端出现一个柔软的尖角）。涂抹过程中奶油会逐渐变硬，所以这一步无需打发得过硬。

7

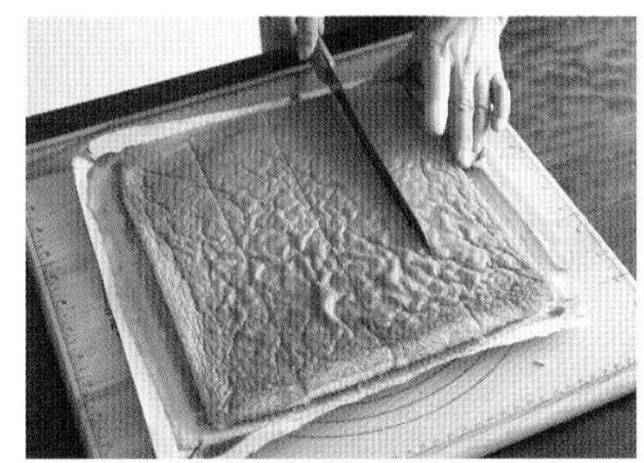

从袋子内取出步骤**5**的蛋糕，撕掉烘焙纸，把蛋糕放在烘焙纸上，烘烤面朝上。用尺子测量好，将蛋糕切成4个宽6.5cm × 长26cm的长条形。

8

用刷子把糖浆刷在步骤**7**的蛋糕表面，再用奶油抹刀将步骤**6**中一半以上的奶油抹在蛋糕上。从边缘的一片开始，将蛋糕从靠自己的一侧向外卷起来。

10

将剩下的两片用同样的方法卷起来。

11

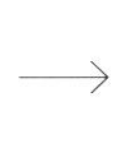

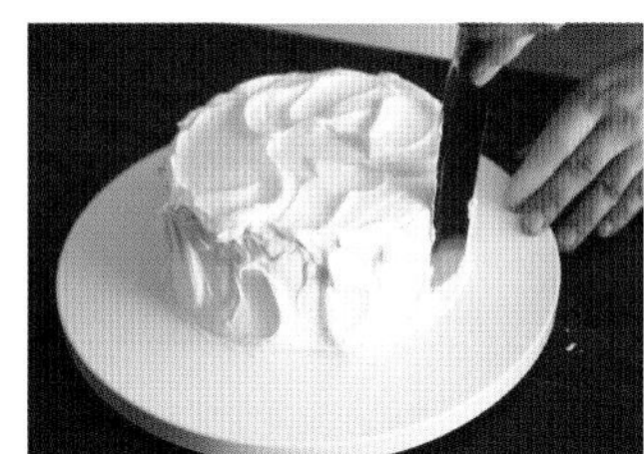

将切面朝上，在蛋糕的顶面和侧面涂上奶油。将大部分奶油抹在顶面，涂抹均匀后，将掉落侧面的奶油，用奶油抹刀竖着涂抹均匀，抹出喜欢的花纹，装饰上水果即可。

材料及工具说明

1

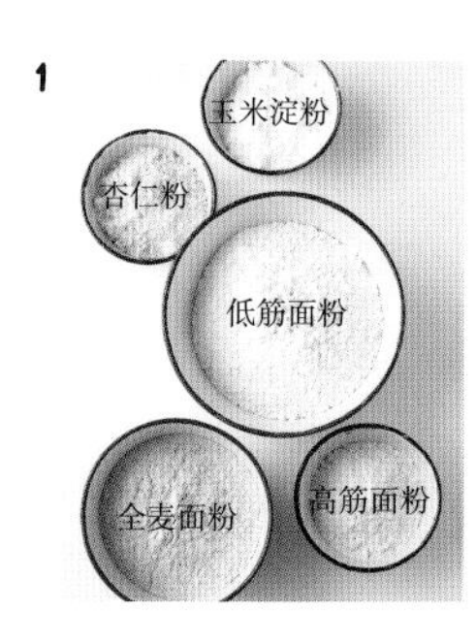

4

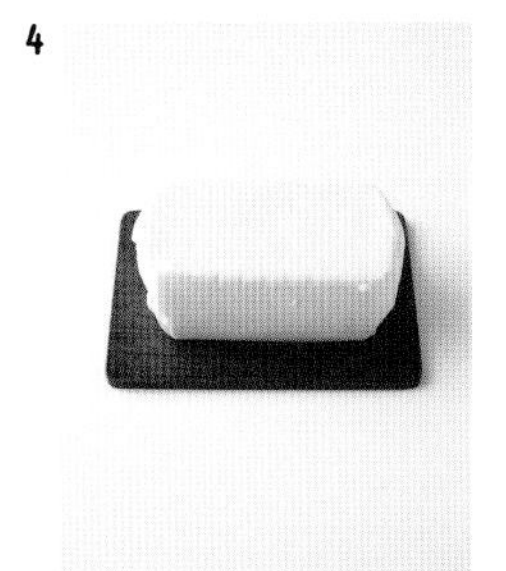

7

10

2

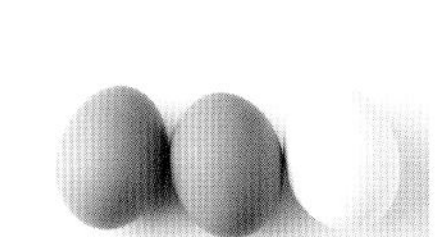

5

8

11

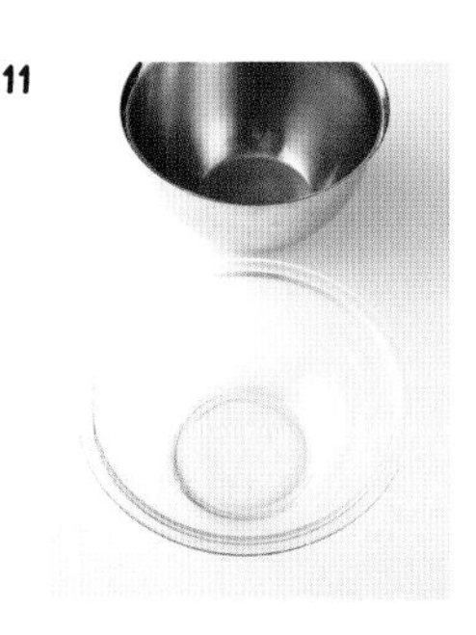

3

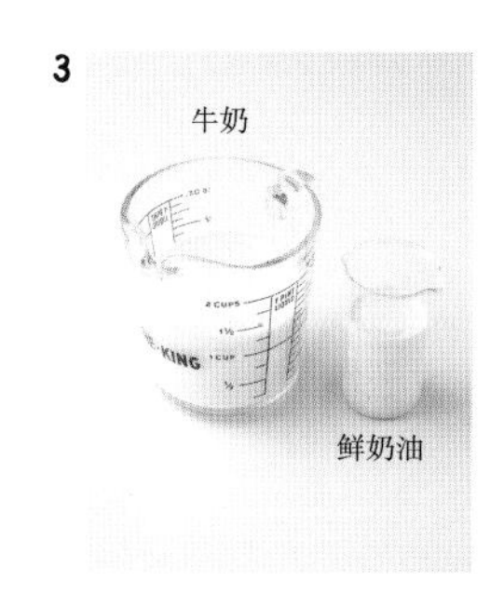

6

9

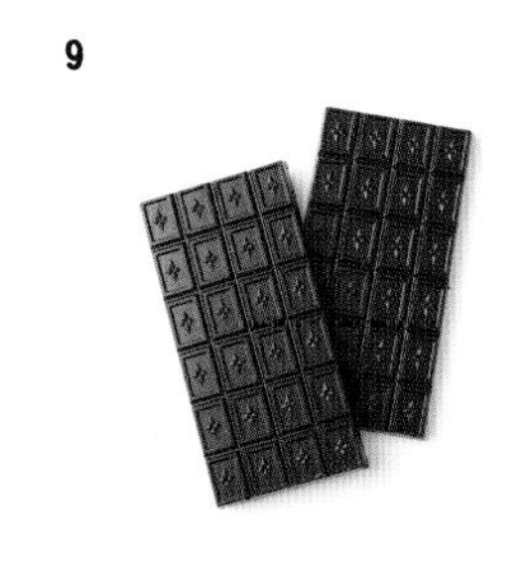

12

1 粉类食材

低筋面粉是用软质小麦制作而成的一种面粉，多用于制作蛋糕、饼干等多种糕点。高筋面粉是用硬质小麦制作而成一种面粉，多用于制作甜甜圈等有弹性的面食。颗粒顺滑，很适合作为扑面。全麦面粉，是由未除去麸皮和坯芽的小麦研磨而成的一种面粉，用它制成的烘焙蛋糕吃起来有较强的颗粒感。玉米淀粉是从玉米中提取出来的一种淀粉，在做蛋糕时加入玉米淀粉可使口感更加松软。杏仁粉是由杏仁研磨而成的一种粉末状食材，可使蛋糕的口感更为香醇、浓郁。“almond powder”“almond poodle”指的都是杏仁粉。

2 鸡蛋

本书中使用的鸡蛋多为中等大小（58g~64g），在烘焙中加入鸡蛋有助于蛋糕的膨胀，还能增加蛋糕的硬度，使蛋糕更有嚼劲。不同种类的蛋糕使用的鸡蛋类型也各不相同，有时使用整个鸡蛋，有时则只需要蛋白或蛋黄。

3 牛奶、鲜奶油

请尽量使用乳脂肪成分在3.0%以上，无脂固形物含量在8.0%以上纯天然无添加的鲜奶。鲜奶油则推荐使用乳脂肪含量较高（45%左右）的，这样能让蛋糕口感更加浓郁。不过乳脂肪含量较高的鲜奶油如果用于抹面，容易产生分层现象，可将其中的20%换为乳脂肪成分为35%的鲜奶油，这样更容易操作。

4 黄油

为了丰富口感，推荐使用无盐黄油。发酵黄油的原材料也是奶油，不过需要将奶油发酵后再进行提炼，气味比普通黄油香浓，想突出黄油的香味时，推荐使用发酵黄油。

5 砂糖

上等白糖（绵白糖）颗粒较细，溶化快，可用于增加面糊的湿润度和甜度。砂糖为颗粒较大的结晶体，烘烤后仍残留一定的颗粒感，丰富了蛋糕的甜度。糖粉是磨成粉末状的砂糖，添加后使蛋糕口感更加酥软细腻。部分糖粉为了防止结块会添加少量玉米淀粉，推荐使用不含玉米淀粉的糖粉。蔗糖是从甘蔗中提取出来的浅茶色糖类，甜度较为温和。

6 酒

酒主要用于增加蛋糕的风味。其中白兰地（A）和朗姆酒（B）是烘焙万能酒，应用较为广泛，而樱桃利口酒（C）、橙子味利口酒（白色/D）、橙子味利口酒（深色/E）、马德拉酒（F）等需根据不同材料的特性谨慎选择。

7 香草

一种具有独特甜香的香料。一般将整根香草荚放到牛奶中一起加热，待香味扩散后，再将中间的香草籽挤进去。香草精，英语名为“Vanilla extract”，是从香草荚中提炼出来的天然香料，加热后味道也不会飘散出去，可用等量的香草油代替。

8 明胶

是以动物的骨头或皮中提取的骨胶原蛋白为主要原料制作而成的。块状明胶称量和操作都很方便，用于制作巴伐露以及果冻等透明度较高的甜品。

9 巧克力

烘焙用巧克力的种类很多，推荐使用可可脂成分在60%~75%的考维曲巧克力（高可可脂巧克力），这种巧克力口感香浓，口溶度也很好。还有一种无需切碎即可使用的颗粒状巧克力。

10 称量工具

正确称量材料的重量是蛋糕制作成功的关键。推荐使用精确到0.5g的电子秤称量。制作过程中，使用的量杯（200mL）、大勺（15mL）、小勺（5mL）等等，请固定使用统一的规格。

11 碗

推荐使用升温和降温都较快的不锈钢碗或者稳定性较好的耐热玻璃碗。另外，也推荐使用较深的碗，这样搅拌时粉末状材料不易飞溅，面糊膨胀后也不会溢出。

12 平底方盘

多用于盛放提前准备好的材料。也可用于摊开、冷却蛋奶糊，隔水加热等。有大中小不同的型号，使用十分方便。

13

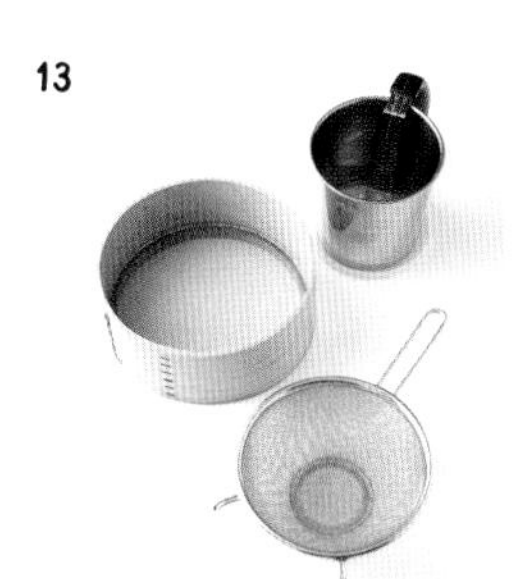

14

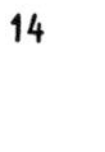

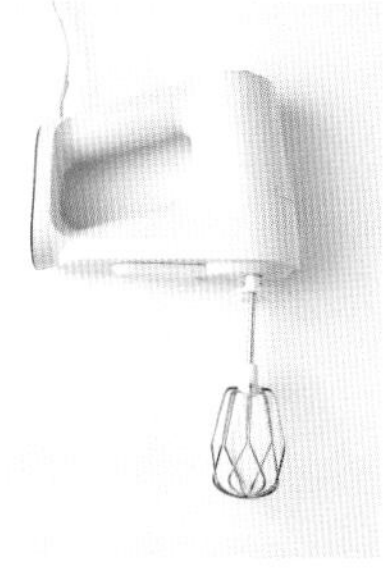

15

16

17

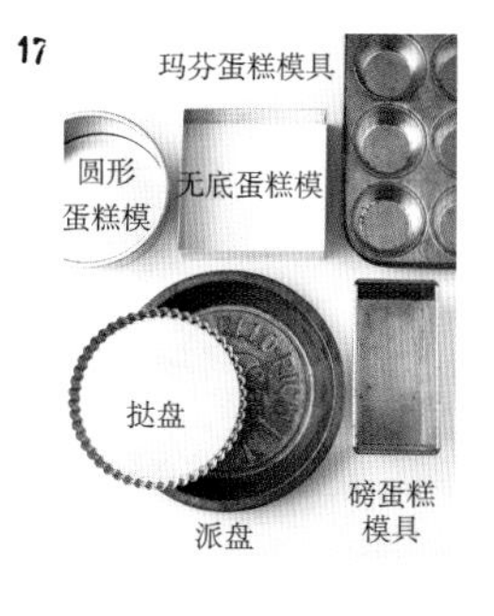

18

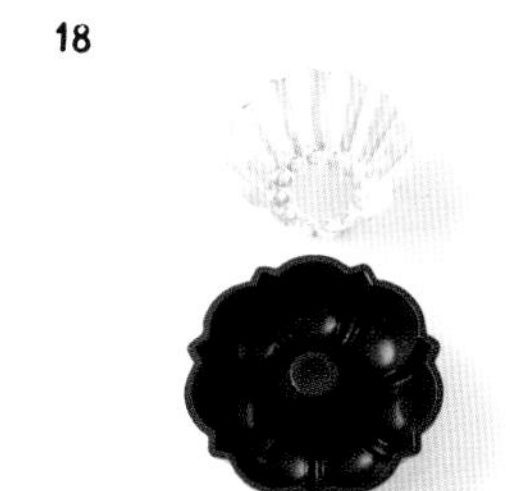

19

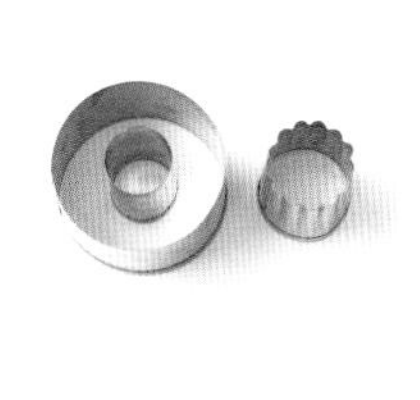

20

21

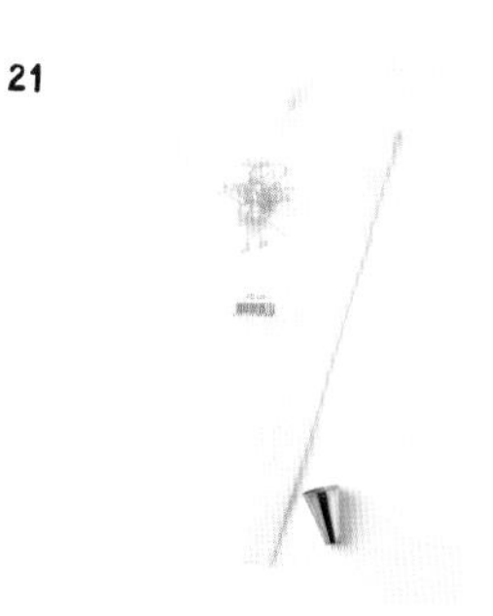

22

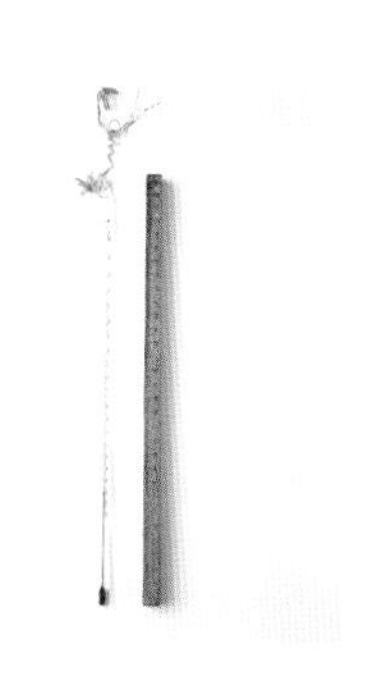

23

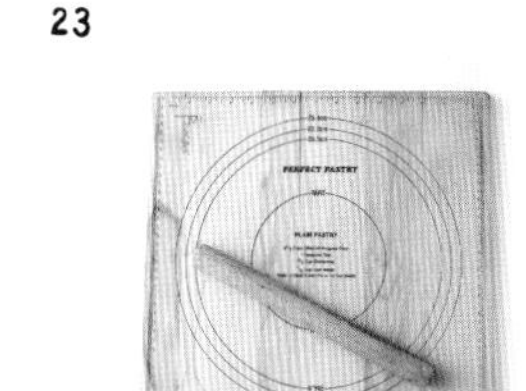

24

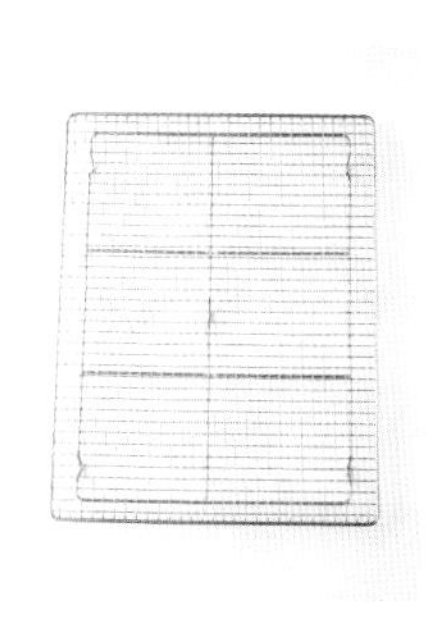

13 过滤器

根据用途的不同可分为，细孔带把手的笊篱、细筛、粉筛等类型。可用于过滤液体面糊、栗子，去除水分，筛粉类材料等。

14 电动打蛋器

用于打发蛋液和制作蛋白糖霜，不过搅拌后需用手动打蛋器再搅拌一会儿，使蛋液更加细腻。

15 手动打蛋器、刮刀、木铲

手动打蛋器推荐使用带有多道钢丝，弹性较好的，打发效果会更好。而硅胶刮刀则推荐使用耐热性好，有适当弹性，手柄笔直的类型，更加便于搅拌。木铲需选择铲头较小，可以接触到边角处的。

16 烘焙刮板

烘焙刮板可用于搅拌面糊、混合面糊、抹平面糊和切割黄油等，应用十分广泛。分为弯曲和竖直的两种，需根据不同的用途进行选择。

17 蛋糕模具

糕点制作过程中经常使用的基础烘焙工具。本书中用到了17cm×8cm×高7cm的磅蛋糕模具、直径24cm×高2.5cm的派盘、直径18cm的挞盘（直径24cm的也用过）、直径15cm的圆形蛋糕模、15cm×15cm的无底蛋糕模，以及直径6cm×高3cm的玛芬蛋糕模等。

18 冷冻糕点用模具

制作冷冻糕点时推荐使用金属模具，热传导性比较好，升温快，冷却也很快。本书中用到了直径16cm的环形巴伐露模具和容量510mL的果冻模具（容量540mL的也用过）。

19 切模

用于压制饼干和甜甜圈面饼。简单的菊花形和圆形用途最为广泛。

20 奶油抹刀、刷子

奶油抹刀是一种用于抹平面糊和均匀涂抹奶油的金属制烘焙工具。刷子用于在蛋糕上涂抹糖浆、糖衣、蛋液等。

21 裱花袋、裱花嘴

使用时需将裱花嘴装在裱花袋上，用于挤奶油和面糊。推荐将裱花袋长度裁成30cm，操作更方便。本书分别用到了直径1cm和1.5cm的圆形裱花嘴。

22 温度计、尺子

本书中使用的是最高可测温200℃的食品温度计，可以准确测量糖浆等的温度。使用尺子可以很方便地切出等长的面饼，推荐使用30cm的尺子。

23 面案、擀面杖

用于擀面，推荐使用边长45cm的方形面案。擀面杖则可很方便地将面团擀成厚度一致的面饼。也可用于碾碎坚果等食材。

24 晾网

用于冷却烤好的饼干、蛋糕或涂抹糖衣等，推荐使用细网，这样不容易在蛋糕表面留下痕迹。

图书在版编目（CIP）数据

蛋糕·甜品 /（日）坂田阿希子著；赵百灵译. --北京：中国友谊出版公司, 2018.11

ISBN 978-7-5057-4550-6

Ⅰ. ①蛋… Ⅱ. ①坂… ②赵… Ⅲ. ①蛋糕-糕点加工②甜食-制作 Ⅳ. ①TS213.23②TS972.134

中国版本图书馆CIP数据核字（2018）第266694号

著作权合同登记号　图字：01-2018-8572

书名　蛋糕·甜品
作者　〔日〕坂田阿希子
译者　赵百灵
出版　中国友谊出版公司
发行　中国友谊出版公司
经销　新华书店
印刷　北京瑞禾彩色印刷有限公司
规格　182×257毫米　16开
　　　8.5印张　100千字
版次　2019年2月第1版
印次　2019年2月第1次印刷
书号　ISBN 978-7-5057-4550-6
定价　65.00元
地址　北京市朝阳区西坝河南里17号楼
邮编　100028
电话　（010）64678009